Edoardo Boncinelli

# Alla ricerca delle leggi di Dio

saggi Rizzoli

ISBN 978-88-17-07481-0

*Prima edizione: settembre 2014*

*Redazione e impaginazione: Studio Dispari – Milano*

Alla ricerca delle leggi di Dio

*Dedicato alla memoria di*
*Giuliano Toraldo di Francia,*
*maestro di rigore e di visione.*

# Premessa

Nello scrivere questo libretto ho tenuto idealmente conto dell'impostazione del prezioso volume di Giuliano Toraldo di Francia *L'indagine del mondo fisico*, edito nel 1976 da Einaudi. Questo saggio non poteva non colpire poiché fin dal titolo poneva l'accento più sull'indagine, cioè sui procedimenti e il cammino avventuroso per arrivare alla conoscenza del mondo fisico, che sulla conoscenza stessa, per altro ormai molto avanzata e dettagliata. Avendo familiarità con l'autore, ciò non mi stupì per niente, e la cosa è rimasta nella mia mente come un modello di visione e di chiarezza di idee. La fisica è, infatti, prima di tutto l'indagine del mondo fisico e delle sue vicissitudini nel tempo. È proprio questa a costituire l'essenza della materia indagata. Non solo: «Ogni avanzamento della scienza è un avanzamento della sua epistemologia». E potrei aggiungere anche che ogni scienza è contemporaneamente anche una filosofia della scienza.

La conoscenza scientifica, e in particolare quella fisica che per secoli ne ha costituito l'avamposto e il prototipo, non si esaurisce in una serie di dati accertati e di leggi più o meno stabilite, ma si identifica col viaggio mentale, sempre più spesso di natura collettiva, che ha portato a tali risultati, a cominciare dalla convinzione che questi ultimi possano essere conseguiti. La fisica è allo stesso tempo una combinazione di presupposti e convinzioni, di capacità di porsi certi tipi di domande, di una *forma mentis* assai peculiare, di una teorizzazione sempre rinnovata e messa alla prova, di un metodo di ricerca, dell'attuazione di una serie di indagini sperimentali condotte in maniera conforme a tale metodo e del complesso delle risposte così ottenute. Tutto questo è fisica, anche se spesso se ne enunciano solo gli esiti finali, che sono veramente impressionanti benché provvisori in molte loro parti.

Come in ogni vera avventura intellettuale, lo sforzo maggiore viene compiuto all'inizio, proprio quando si deve mettere a fuoco il tema generale e il filo conduttore degli interrogativi da porsi. Per edificare una scienza occorre innanzitutto identificare che cosa vi appartiene e che cosa no, scegliendo accuratamente la più rilevante fra le diverse tematiche che il mondo presenta in maniera più o meno scoperta. Bisogna isolare certi fenomeni, individuare alcune entità pertinenti, meglio se misurabili, e seguirne l'andamento. Il resto viene quasi da sé con relativa facilità. O almeno così pare in retrospettiva.

Il tutto è sorretto dal rigore, dalla consequenzialità, come pure dall'immaginazione. Questi tre sono anche i pilastri del pensiero matematico, che costituisce sempre il filo rosso e il censore logico di ogni scienza. Da qui muove il viaggio materiale e mentale della sperimentazione.

Questo libro parla della fisica che è necessario conoscere, di tutta la fisica che è necessario conoscere, vecchia, nuova e nuovissima, ma presenta ben tre difetti fondamentali: non contiene formule né figure, e neppure esercizi. Senza di essi, la fisica non si può imparare come si deve. Però si può apprendere di che cosa discetta e come procede. D'altra parte, le formule e le immagini si possono trovare molto facilmente in Rete. Penso per esempio alla voce «rifrazione» su Wikipedia, che contiene una figura animata del fenomeno, chiarissima e assolutamente spettacolare. Nella bibliografia si possono trovare inoltre testi con figure e formule, anche troppe, e in quanto agli esercizi, c'è solo l'imbarazzo della scelta.

La lettura richiede un po' di sforzo di memoria e una notevole capacità di assimilazione, ma sono sicuro che offrirà a ciascuno preziosi squarci di conoscenza e una certa inclinazione a meditare. Almeno spero.

# Il mondo in cui viviamo

# Fisica e conoscenza

Viviamo la nostra realtà quotidiana nel mondo che ci circonda, sapendo di questo mondo quanto ci occorre e poco di più, anche se qualcuno può aver studiato alcune delle cose che abbiamo imparato al riguardo. Tale mondo avrà quasi sicuramente una sua realtà autonoma, ma la sua articolazione e descrizione sono una nostra costruzione mentale collettiva.

Va detto innanzitutto che come animali possediamo una certa «impressione» del mondo, e questa è senza dubbio sufficiente a farci vivere in esso e accettare la maggior parte delle sfide che ci pone.

Come è potuto succedere? Crediamo di saperlo. Gli eventi capitati agli antenati dei nostri antenati hanno pilotato il loro sistema nervoso verso una propria «visione» delle cose e un'aspettativa del corso degli eventi, che si sono fissate con i secoli nel loro patrimonio genetico e da esso nel nostro. Si tratta di fare previsioni su ciò che accadrà, ma soprattutto su ciò che non potrà accadere. Un corpo scagliato contro un tronco rimbalzerà, o al massimo vi si conficcherà, ma non potrà compenetrarsi con esso. Se c'è un rumore, ci sarà qualcosa o qualcuno che lo genera. Un oggetto nascosto non sparisce. Se a un oggetto qualsiasi ne aggiungo un altro dello stesso tipo, ne troverò poi due, non uno o nessuno. Banalità, certo, ma banalità che ci portiamo cucite dentro.

Se non fosse così ci saremmo estinti, e a qualcuno magari è capitato davvero.

Si parla in questi casi del possesso di una «fisica ingenua» e di una «matematica ingenua», come dire congenite, indubbiamente già presenti nel bambino piccolo. E in molti animali superiori, ovviamente. Per alimentare questa visione molte parti del nostro sistema nervoso, e dei nostri organi di senso, si sono dovute configurare o «riconfigurare» in una determinata maniera. Nello specifico, gli organi di senso sono stati modellati e «sintonizzati» su quanto ci serviva percepire.

Ho detto altre volte, e non ci voglio tornare qui, che i nostri sensi – intendo quelli degli animali superiori – non osservano passivamente il mondo, qualsiasi cosa questo voglia dire, ma lo interrogano. Gli pongono cioè domande specifiche, che attendono un certo numero di risposte altrettanto specifiche, e quello «risponde» come può con una serie di eventi materiali che diventano «stimoli» solo se combaciano con una delle risposte attese dall'uno o dall'altro dei nostri sensi. Oltre a ricevere queste risposte, e a orientarci quindi nel comportamento, i nostri organi di senso e il nostro sistema nervoso stabiliscono in definitiva che cosa è uno stimolo e cosa no. Ovvero che cosa ha da dirci il mondo. E poiché il mondo esiste per noi solo attraverso quello che ha da dirci in una circostanza o nell'altra, sono l'essenza e l'articolazione stessa del mondo a essere fissate dal nostro apparato percettivo, costituito dagli organi di senso e dalle parti del sistema nervoso a essi collegate.

Se a tutto ciò si aggiunge la capacità di memorizzare la maggioranza di queste percezioni, si ha la situazione di ciascuno di noi preso singolarmente – e molto probabilmente di molti altri animali superiori –, ma in noi ci sono anche una percezione e un'articolazione collettive. La civiltà, cioè il risultato dell'evoluzione culturale che ci caratterizza e ci distingue dagli animali, ha avuto e ha tuttora molto da aggiungere a questo quadro, a livello di analisi, accumulazione e memorizzazione degli eventi e della loro articolazione. Il contatto con gli altri, specie nella prima età, la comunicazione con essi che la facoltà del linguaggio ci permette e la possibilità di usufruire delle conoscenze collettive accumulate negli anni modificano più o meno profondamente la struttura e il dettaglio della nostra percezione intellettuale del mondo, arricchendola e rendendola quasi irriconoscibile.

Se dalla percezione irriflessa e pressoché istintiva si passa poi a una sua considerazione più ponderata e articolata, si entra nel campo della scienza o, meglio, dell'investigazione scientifica della natura del mondo stesso. Questo libro parla appunto della nostra conoscenza del mondo fisico, che consta, almeno in linea di principio, di tre grandi domini di conclusioni e di affermazioni: quelle che sono ormai definitivamente assodate e sulle quali non è più ammissibile nutrire dubbi; quelle semiconsolidate, che potranno arricchirsi e dettagliarsi, ma anche riservare qualche sorpresa; e infine quelle provvisorie e più labili, che possono essere aggiornate e riviste in continuazione e che a volte conducono a grandi sovvertimenti. I manuali contengono ovviamente buona parte di quelle del primo dominio e qualche cauto accenno a quelle del secondo, ma se non esistessero quelle del terzo dominio non ci sarebbe progresso e avanzamento della conoscenza.

Un'illustrazione tangibile dei diversi domini della conoscenza si può osservare per esempio all'interno di un moderno acceleratore di particelle, come quello del CERN di Ginevra, dove di recente sono state trovate solide indicazioni dell'esistenza del famoso bosone di Higgs. Le ricerche che vi si conducono sono d'avanguardia e atte a farci affacciare su nuove realtà e nuove concezioni. L'attività di complessi strumentali di punta come questo, per esempio il telescopio spaziale Hubble, appartiene in pieno al terzo dominio di indagine. Ma chi entra in un acceleratore si rende immediatamente conto della consistenza e della rilevanza delle acquisizioni degli altri due domini, soprattutto il primo. Vi si possono infatti osservare strutture di ogni tipo, con tubi, schermi e cavi lunghi chilometri. In condizioni normali tutto questo opera alla perfezione e crea il substrato necessario per il funzionamento dello strumento. Tali apparecchiature rappresentano l'incarnazione della consistenza dei primi due domini della conoscenza fisica, elaborata e applicata ovviamente dalla tecnologia più avanzata e aggiornata. Lo stesso si può dire di qualsiasi congegno da noi usato nella vita di tutti i giorni, dall'automobile al televisore, dal treno al telefonino, per non parlare della strumentazione diagnostica ormai indispensabile in medicina: realizzazioni concrete sostenute dalle nostre conoscenze di fisica ormai acquisite e insostituibili.

Per quanto riguarda il terzo dominio, occorre dire che quello che conosciamo del mondo muta in continuazione e nessuno può sapere né indovinare dove ci porterà. La realtà materiale potrà avere una vita autonoma, ripeto, ma la sua conoscenza no. È il frutto di un processo continuo, costellato di sempre nuove scoperte, anche concettuali, che nel loro insieme vanno a costituire col tempo quello che chiamiamo verità. Una verità stabilita non c'è, né probabilmente ci sarà mai, ma a noi conviene credere che da qualche parte ci sia, e che qualcuno la possa conoscere nella sua interezza, magari anche oggi.

Non è così. La verità, come il futuro, non c'è; o almeno non c'è ancora. Del resto, non si potrebbe nemmeno teoricamente conoscere; di quali domande vorremmo sapere la risposta? Ogni nuova conoscenza porta altre, nuove domande e così via, almeno fino a oggi. Coloro che vogliono credere che da qualche parte ci sia una verità, anzi una Verità, poi amano ritenersi liberi. Se esistesse oggi una verità – e un futuro – vorrebbe dire che non ci sarebbe spazio alcuno per la libertà, nostra e delle cose.

La cosa più interessante che possiamo fare è proprio riandare al gioco di domande e risposte, la maggior parte delle quali non esplicitata, che ci hanno condotto all'attuale conoscenza del mondo e alla sua continua modificazione. Non occorre in realtà parlare di una vera storia, fatta di episodi tutti reali e succedutisi ordinatamente nel tempo; basta una metastoria o una storia idealizzata, che ripercorra però i passi essenziali della nostra marcia verso la conoscenza del mondo.

Il mondo in cui viviamo, e che comprendiamo meglio, è il mondo del metro e dell'ora, che possiede precisi confini spaziali e temporali: sono entità che misurano da un millimetro a qualche chilometro e che partecipano a eventi che si estendono dal secondo a qualche decina di anni. Questi sono i confini di ciò che ci è familiare e in cui siamo cresciuti, e quindi evoluti. Andare più sotto o più sopra ci riesce molto difficile perché non ci possiamo appoggiare al patrimonio di conoscenze implicite consegnatoci dall'evoluzione biologica. Oggi è evidente però che c'è dell'altro, sotto e sopra. Sotto ci sono le molecole, gli atomi, le particelle elementari e altro ancora fino al limite di grandezza che oggi si ritiene inferiore, rappresentato da una frazione di metro con un denominatore di 35 cifre intere. Sopra ci sono i pianeti, le stelle e le galassie in un universo che ha un diametro in metri rappresentabile con una cifra a 27 zeri. Più o meno nel mezzo ci stiamo noi con il nostro metro. Anzi, per essere più precisi, ci sta lo spessore di un capello o, se volete, il diametro di una cellula-uovo umana. Più in generale ci stanno le nostre cellule, ovvero gli elementi costitutivi della vita. E forse non è un caso.

Non voglio insistere su questi numeri – tutte le affermazioni delle diverse numerologie sono a dir poco arbitrarie – ma è chiaro che la vita così come la conosciamo, e gli oggetti del nostro mondo quotidiano, si trovano approssimativamente al centro di una scala di grandezze davvero spropositata. Quel che possiamo conoscere di prima mano è quindi molto limitato, e per il resto bisogna arrangiarsi. Per completezza dobbiamo dire che se invece che di lunghezze si parla di tempi, in secondi, il centro capita a circa un mille miliardesimo di secondo, cioè un picosecondo, $10^{-12}$ secondi, a mezza via fra l'intervallo di tempo più corto – occorre per misurarlo una frazione con un denominatore di 44 cifre intere – e l'età stimata dell'universo, un numero in secondi con 17 cifre. In un caso come nell'altro, ci troviamo un po' sopra il punto centrale di queste immani scale. Affondiamo le radici nel micromondo, ma ci estendiamo giusto un po' al di sopra di esso.

Per anni e anni è di questa realtà che ci si è occupati, anche se l'astronomia ha considerato da tempo oggetti diversi, dei quali però non si aveva una percezione troppo realistica. È insensato interessarsi dei corpi materiali della vita di tutti i giorni senza chiedersi di che cosa siano fatti – perché sono più o meno elastici, più o meno compatti e perché pesano poco o tanto –, invece è proprio quello che abbiamo fatto. E che ci ha permesso di imparare tante cose, nonostante tutto. Storicamente la meccanica, cioè lo studio del movimento dei corpi e della sua generazione, è stato il primo campo di indagine e oggetto di grandi dispute. E la sua combinazione con lo studio del moto dei corpi celesti ha portato ai primi grandi trionfi della scienza, anche se si dovrebbe dire della meccanica.

Sono stati definiti concetti come la posizione, la traiettoria, la velocità, l'accelerazione e la massa di un corpo, e poi la sua quantità di moto e la sua energia cinetica, ed è stato introdotto il concetto di forza, tutte tappe capitali della fondazione della fisica. A esclusione della traiettoria, le altre caratteristiche menzionate sono dette grandezze, individuate da un numero e da un'unità di misura: 25 metri, 40 chili o 70 chilometri orari.

Possiamo anche definire la fisica come la scienza delle grandezze, perché sono le protagoniste della sua descrizione del mondo, una descrizione quindi prevalentemente quantitativa. Contare e misurare ne sono le operazioni fondamentali, certamente più che per la matematica stessa. Non che in fisica manchino descrizioni qualitative, molte delle quali sono essenziali, ma qualsiasi operazione finisce prima o poi con una descrizione quantitativa. Galileo fu il primo ad affermare che il libro della natura «è scritto in lingua matematica, e i caratteri son triangoli, cerchi, e altre figure geometriche, senza i quali mezzi è impossibile a intenderne umanamente parola; senza questi è un aggirarsi vanamente per un oscuro laberinto».

La descrizione matematica delle osservazioni, corredate da misurazioni quantitative, appare come un segno distintivo della nascita della scienza sperimentale. Galileo e molti altri dopo di lui, soprattutto studiosi di questa disciplina, sono convinti che il linguaggio con il quale si può capire il mondo è intrinsecamente matematico. Che la matematica, cioè, abbia una sua realtà che prescinde dal nostro approccio e che addirittura venga prima del mondo materiale e abbia uno status epistemologico, se non ontologico, privilegiato. Anche se tale prospettiva è seducente, io non la condivido. Penso che la quantificazione e la matematizzazione siano state un passaggio obbligato del nostro modo di accostarci al mondo, un passaggio storicamente inoppugnabile, ma non inevitabile perché fondato sulla metafisica delle cose.

La quantità è dominata dal numero, ente astratto che assegna oggetti diversi allo stesso insieme logico, a prescindere dalle loro caratteristiche individuali. Per definizione passa quindi sopra alle differenze e accorpa, piuttosto che dividere e distinguere. Lo statuto di appartenenti allo stesso insieme è fissato a priori e vincola ogni successivo ragionamento. Una volta stabilite le appartenenze, tutto il resto segue automaticamente. Una particolare forma di numero è quello che conta le unità di misura contenute in una determinata grandezza. Occorre però che le unità di misura siano tutte dello stesso tipo, altrimenti non può generarsi altro che confusione. Il numero di oggetti discreti di un certo tipo o il valore di una grandezza sono il nocciolo della spiccata «quantitatività» della fisica. La fisica, se non la scienza medesima, comincia non appena si intraprende un'analisi quantitativa dei fatti.

Il primissimo evento si identifica innanzitutto con l'individuazione dei parametri significativi, anche se la loro significatività si verifica di solito molto dopo, e sulla base dei risultati, teorici e pratici, che se ne trarranno. Come in tutte le cose di questo mondo, un po' di fortuna non guasta. Consideriamo un esempio estremo. Nell'analizzare la caduta dei corpi si sarebbe anche potuto scegliere come parametro significativo la temperatura dell'aria, misurandola nelle immediate vicinanze del corpo che cade. Saremmo forse arrivati, così facendo, a una legge utile sulla caduta dei gravi? Ne dubito seriamente, anche se in fondo tutto è possibile. La scelta dei parametri significativi nelle diverse circostanze è perciò fondamentale, e fondante.

Raggruppare in maniera sensata gli oggetti e i fenomeni da studiare è, insomma, un'attività scientifica avanzata, se non altro perché così si devono scegliere i parametri da prendere in considerazione e in base ai quali fare le valutazioni. Molte discipline particolari hanno acquisito più slancio una volta messi a fuoco i parametri rilevanti per un'analisi costruttiva. Così, la meccanica ha ricevuto nuovo impulso da quando si è compresa la necessità di osservare e misurare i tempi del moto; lo studio dell'ereditarietà dei caratteri biologici è divenuto una scienza da quando qualcuno ha pensato di contare il numero dei figli nati da una data coppia, i famosi piselli di Mendel; e la teoria della comunicazione si è posta su solide basi da quando ha potuto appoggiarsi su una misurazione accurata della quantità d'informazione. Viceversa, una caratteristica di molte delle scienze che ancora stentano a trovare una loro identità, come alcuni ambiti della sociologia e della psicologia, è quella di non avere individuato i propri parametri significativi, che quindi non possono essere osservati né misurati. È chiaro d'altra parte che non si può prestare attenzione a tutto o misurare tutto, neppure se si dispone di grandi mezzi e di ingenti risorse umane.

Una volta identificati i parametri significativi, si passa a valutarne con accuratezza l'entità e il cambiamento nel tempo. Cioè a misurare. È comodo collocare più o meno convenzionalmente nel Seicento l'inizio della sperimentazione programmata. Quasi contestualmente è cominciata la misurazione, approfittando delle circostanze e delle opportunità più diverse. Si narra che Galileo si servì dei battiti del proprio polso per una stima approssimativa degli intervalli di tempo, ed è certo che ricorse a una misurazione ponderale del tempo stesso. Fece scorrere dell'acqua in un recipiente che poi pesò: più acqua conteneva, più tempo era passato dall'inizio di un certo processo.

In che cosa consiste una misurazione? In linea di principio, nel confrontare l'entità di una grandezza con un campione di riferimento che funge da unità di misura più o meno autorizzata. La misurazione non si conduce mai una sola volta, ma è necessario ripeterla in diverse condizioni. È chiaro che tutto ciò presume una costanza di fondo e una persistenza dei fenomeni nel tempo e nello spazio. Questa assunzione regge tutto il castello della fisica, anzi della scienza.

Tale assunzione capitale si articola a sua volta in altri due assunti, uno sulle condizioni generali degli accadimenti e uno sui fenomeni che abbiamo deciso di analizzare. Il primo, assolutamente non verificabile, riguarda la struttura del mondo, addirittura del cosmo, che veda i fenomeni verificarsi uniformemente, tutti nello stesso modo in tempi e posti diversi, e non si può fare altro che assumerlo. Il secondo riguarda invece la scelta di studiare un dato fenomeno o alcune sue caratteristiche: la scienza non può che essere scienza del riproducibile. Eventi che accadono una volta sola o che si ripresentano con modalità bizzarramente ineguali e difformi non possono essere oggetto di scienza.

Spesso si sente dire che un fenomeno è scientifico se ha

una spiegazione. Non è vero. Se un fenomeno ne ha già una, tanto meglio, ma esistono migliaia di fenomeni che non hanno una spiegazione eppure sono scientifici perché rigorosamente riproducibili. È la riproducibilità la condizione essenziale della scientificità. Occorre quindi che lo scienziato scelga fenomeni ripetibili e di essi studi gli elementi riproducibili. Questa rappresenta una severa limitazione, anzi autolimitazione, e restringe di molto il campo di ricerca. Tale aspetto tuttavia non viene sempre ben chiarito e può condurre a pericolose confusioni. Gli eventi del mondo sono così mutevoli che è inutile intestardirsi a volersi occupare di ciascuno. È necessario fare una scelta, optando per quegli aspetti dei diversi fenomeni che mostrano una certa uniformità e regolarità. Questa premessa è indispensabile, ma occorre considerare che la stessa constatazione di una vera riproducibilità può richiedere anche molto tempo e magari una serie di misurazioni. La definizione di riproducibilità o meno è quindi un processo a più step. Cerchiamo però di non introdurre troppe complicazioni, per ora. Se un fenomeno appare ragionevolmente riproducibile, si può provare a metterlo a cimento conducendo una sperimentazione.

Che cos'è allora un esperimento? Non è altro che un'osservazione, generalmente ripetuta, fatta in condizioni particolari adatte a far cogliere allo sperimentatore l'uno o l'altro aspetto non immediatamente evidente del fenomeno in questione. Le condizioni sono in realtà preparate ad arte dallo sperimentatore secondo la sua fantasia e ispirazione, per poter comprendere al meglio ciò che lo interessa. Occorre in sostanza stanare la natura e portarla, per quanto è possibile, su un terreno a noi favorevole. Un esperimento non è quindi niente di più di una serie di osservazioni, spesso favorita dall'uso di strumenti specifici, ma sono le condizioni in cui tutto ciò accade a caratterizzarlo. L'ingegno e l'industriosità dello sperimentatore permettono di realizzare tali condizioni per poter giungere a conclusioni significative relative ad alcune caratteristiche del fenomeno studiato.

Qual è la connessione fra la riproducibilità invocata sopra e la conduzione dell'esperimento? In primo luogo, se l'andamento dei fenomeni dovesse cambiare anche solo ogni tanto, non ci sarebbe alcuna garanzia sulla significatività dei suoi risultati. Nel caso di valutazioni quantitative poi, è fondamentale che anche l'unità di misura non cambi, né per la durata dell'esperimento, né tra un esperimento e il successivo. La costanza nel tempo delle unità di misura è un prerequisito essenziale per la conduzione di qualsiasi esperimento che comporti una valutazione quantitativa. Le conclusioni, anche parziali, della fisica in particolare e della scienza in generale devono valere in tutti i luoghi e in tutti i tempi. Non ci può essere una scienza europea e una australiana, né una scienza dell'Ottocento e una del Novecento, ma possono ovviamente cambiare le tematiche.

Per osservare più agevolmente la caduta dei corpi, Galileo ricorse al trucco del piano inclinato: rotolando su di esso, i corpi cadono con le medesime modalità, ma più lentamente. Il piano inclinato diviene così uno dei primi strumenti utilizzati per eseguire un esperimento. Parimenti, il nostro grande scienziato deve essersi avvalso di uno o più dispositivi per calcolare il tempo trascorso. Con il passare degli anni e dei secoli, gli strumenti si sono via via raffinati e complicati, così che oggi sono indispensabili alla ricerca sperimentale, per generare alcuni fenomeni e osservarli con attenzione. Da un certo momento storico in poi la loro progettazione e costruzione è diventata parte integrante della sperimentazione stessa, e oggigiorno è la disponibilità di strumenti adatti a segnare le grandi svolte della scienza d'avanguardia, e di frequente a fare addirittura la differenza fra laboratori e nazioni.

Lo strumento incarna spesso la disposizione all'invenzione e all'esecuzione di meccanismi investigativi sempre nuovi ed è il filo conduttore materiale dell'essenza degli esperimenti stessi. I potenti microscopi e telescopi, gli spettrometri di tutti i tipi e gli acceleratori di particelle sono davvero essenziali nella progettazione ed esecuzione degli esperimenti. Solo in apparenza questo tende a sminuire l'importanza dell'operato degli sperimentatori. Esistono infatti scienziati che si costruiscono lo strumento o collaborano alla sua realizzazione, e scienziati che si limitano a utilizzare al meglio gli strumenti esistenti; sono comunque loro a progettare e condurre l'esperimento, anche se a volte enormemente agevolati dalla disponibilità di uno o, più spesso, di un insieme di strumenti. La scienza oggi procede di pari passo con la messa a punto di sempre nuovi strumenti, così che riesce difficile distinguere le due cose, mentre all'inizio ci si doveva concentrare sulla progettazione e sull'esecuzione degli esperimenti.

Molti di essi, sorretti da strumenti più o meno sofisticati, sono finalizzati alla misura di varie grandezze. Una misura è una valutazione, inevitabilmente approssimata come vedremo, dell'entità di una data grandezza fisica in rapporto a una specifica entità campione, detta unità di misura. L'operazione può assumere le forme più diverse, ma si tratta sempre di confronto e comparazione. Occorre in sostanza determinare quante volte l'unità di misura entra nella grandezza da misurare. Il risultato è un numero che rarissimamente può essere intero, ma è comunque un numero.

Ogni misura quindi genera un numero, che sia una conta oppure una valutazione quantitativa. A questo punto, il numero può essere consegnato alla matematica, se non all'aritmetica, con tutti i vantaggi di rigore e attendibilità che tale operazione comporta. Qualcuno considera la semplificazione e l'automaticità che ne deriva un difetto del metodo: da lì non ci sarebbe più necessità di pensare. In parte è vero, ma tutto lo sforzo e tutta la creatività si sono concentrati sulla produzione di quel numero, per la sua attendibilità e significatività. E questa è stata ed è un'opera davvero immane. Se il resto ne risulta effettivamente semplificato e accelerato, tanto meglio.

La scienza misura e quantifica, ma non obbligatoriamente. Tanto misurare quanto contare sono due operazioni. Reali o virtuali che siano, queste operazioni costringono l'oggetto di studio a scendere metaforicamente sulla Terra e a sottoporsi a ripetute osservazioni e constatazioni. Il «metro» della misura è scelto dall'uomo e spesso fissato da uno strumento realizzato proprio da lui. Nel misurare non necessariamente si costruisce qualcosa, ma senza dubbio si impone al fenomeno naturale osservato di confrontarsi almeno in parte con una realtà di cui siamo gli artefici. La misura è quindi una costruzione umana nel senso vichiano del termine e l'oggetto misurato, in virtù della misura stessa, diviene qualcosa di nostro, qualcosa che possiamo parzialmente afferrare. Un orologio è tutto nostro perché lo abbiamo progettato e costruito noi; un intervallo di tempo misurato non è nostro, ma ha un aspetto nostro, un cartellino, una targhetta che gli abbiamo attaccato. Il pianeta Marte diviene «terreno» non appena ne misuriamo qualche caratteristica, per esempio la velocità o la massa. Anche una mela che cade diviene «terrena» quando è vista sotto la stessa prospettiva.

La misura costringe gli oggetti di natura a sostare per un attimo sul banco di lavoro dell'uomo di scienza per essere osservati in dettaglio e «smontati» in alcune loro componenti. A tal proposito vedremo per esempio che le particelle elementari non si adattano di buon grado a un'operazione del genere: così come non hanno un'individualità e non invecchiano, le particelle subatomiche hanno aspetti inafferrabili e non concedono un'eccessiva «familiarità». D'altra parte, costituiscono il mondo e ne garantiscono la stabilità; solo a loro si addice l'attributo dell'essere. Tutto il resto prima o poi trasmuta; spesso però si piega e si lascia misurare.

Questo complesso di operazioni sembra concedere grande spazio all'arbitrarietà e mette a nudo, delle cose del mondo, un lato particolare che forse non è l'unico. Ma l'alternativa qual è? Lasciare in pace le cose del mondo e non tentare minimamente di comprenderne e magari di riprodurne qualche caratteristica? Assistere indifferenti e impotenti al «tacito, infinito andar del tempo»?

La scienza quale la conosciamo oggi è iniziata con la sperimentazione e con la misura, quando a fianco del descrivere e del raccontare si è cominciato a confrontare e rapportare. Misura, confronto e rapporto appartengono al mondo del quantitativo, mondo scorbutico e per alcuni decisamente arido, ma anche eminentemente terreno e umano. Mondo della scomposizione e della ricomposizione, mondo della relazione, almeno diadica, obbligata: un parametro misurato vive in un rapporto definito e protratto nel tempo con la corrispondente unità di misura e spesso anche con il corrispondente strumento di misura. Per i pitagorici dell'antica Grecia due grandezze che stanno in un rapporto definito sono commensurabili (termine da cui deriva tra l'altro la parola simmetria), tanto che la scoperta dell'esistenza dei numeri irrazionali li gettò nella disperazione. Oggi noi sappiamo che il rapporto fra due misure fisiche non potrà mai essere un numero semplice, anzi neppure un numero unico; ma tutti gli enti del mondo possono almeno in linea di principio stare fra di loro in una relazione definita per quanto riguarda taluno o talaltro parametro fisico. Questo è il potere individuante, ma anche la forza relazionale della misura e della quantificazione.

Misurare non è un'operazione banale. Richiede tempo e molto ingegno: rapportare due entità diverse, anche se omogenee, implica notevole perizia e chiarezza di visione. E deve tra l'altro perdurare, mentre il tempo inevitabilmente trascorre e non cambia direzione, anche se non è quello che stiamo misurando. Non si può andare avanti e indietro nel tempo, e nemmeno nello spazio, senza che il tempo passi. L'operazione di misura quindi fissa il tempo; per un minimo necessario, ma lo fissa. Una sua ripetizione può essere più avanti nel tempo, ma mai indietro, come ogni verifica di riproducibilità.

Nonostante tutte queste difficoltà, misurare è possibile e l'uomo lo fa già da qualche secolo, trasformando così l'osservazione del mondo in un certo numero di indicazioni quantitative. Anche questa è un'estrazione di senso dalle cose del mondo, avendo prima individuato alcuni parametri pertinenti per l'analisi di un dato fenomeno e poi assegnato un valore quantitativo a taluni di questi parametri. Fondamentale è infine lo studio di come co-variano due o più grandezze! Può essere fatto deterministicamente o statisticamente, ma il primo modo è di gran lunga migliore.

Forse è proprio lo studio della co-variazione di grandezze pertinenti, più della stessa attitudine a misurare, il segreto della moderna esplosione della scienza, senza dubbio accanto al ricorso all'esperimento come conferma o correttivo della speculazione teorica. Magari tutta la trama sulla quale è fabbricato il tessuto della fisica moderna consiste in questa semplice operazione di confronto e di indagine di come una o più grandezze pertinenti variano al variare di un'altra. In effetti tutte le formule della fisica, delle quali in questo libro non c'è traccia eccezion fatta per una o due, non esprimono altro che questo: come varia una grandezza al variare di un'altra, che talvolta, ma molto di rado, può essere semplicemente il tempo. Una simile osservazione, che sembra sminuire l'importanza della quantificazione e della misurazione, al contrario la esalta. Senza misure e valutazioni quantitative infatti non non ci potrebbero essere neppure le variazioni concomitanti, una variazioni concomitanti, una parte importante dello studio delle correlazioni.

Ecco quindi completato il trio delle operazioni fondamentali della fisica: l'individuazione dei parametri pertinenti, o più pertinenti, la loro quantificazione e lo studio della loro co-variazione, nel tempo e a seconda degli eventi. L'insieme di regolarità, leggi e principi che caratterizzano i diversi campi della fisica derivano tutti da questa terna di operazioni fondamentali. Questo sul piano pratico. Prima, durante e dopo le operazioni concrete si estende un imponente lavoro teorico, che tenta di connettere i dati disponibili cercando di generalizzare, e finendo, dopo un lavoro mentale più o meno complesso, per fare previsioni sul risultato di nuovi esperimenti. I quali devono poi essere eseguiti nel limite del possibile, cioè delle disponibilità concettuali e tecniche correnti.

Tanto è stato scritto e si scrive sul momento della teoria, sui suoi assunti capitali, sulla sua ispirazione, sulle operazioni di «igiene logica» necessarie per trarre conclusioni vere da premesse vere e via discorrendo: in fondo, gli scienziati che più consideriamo e amiamo sono coloro che hanno saputo edificare una teoria partendo dalla massa dei dati sperimentali. Ed è giusto così, anche perché la nostra psicologia aspira a glorificare eroi singoli, capaci da soli di imporre un nuovo corso alle nostre conoscenze. Non va dimenticato, però, che senza dati sperimentali non c'è teoria e non c'è nemmeno fisica.

In certi campi della fisica contemporanea la stretta connessione tra dati sperimentali e lavoro teorico è allentata e divaricata in maniera abnorme, in un verso e nell'altro: in fisica fondamentale delle particelle c'è una gran dovizia di pensiero teorico senza supporto empirico possibile, almeno per ora; mentre in astrofisica esistono «cataste» di dati sperimentali trasmessi dagli strumenti più diversi e diabolici, che aspettano di essere anche solo osservati. È uno strano momento per la fisica d'oggi, dovrà finire, ma intanto ci si presentano questi motivi di stallo, senza che ci si possa fare molto. Condizioni analoghe si sono già verificate nella storia della disciplina e conviene augurarsi che quanto è accaduto torni di nuovo ad accadere. Ma non è niente più di una speranza.

Occorre a questo punto far notare che buona parte del lavoro teorico che impegna i fisici di tutto il mondo non sarebbe nemmeno pensabile, oppure sarebbe enormemente appesantito, se in questa elaborazione di numeri e di osservazioni non entrasse la matematica. Questa non è una scienza sperimentale, anche se è una delle più antiche, ma è di natura più simile alla logica: con queste premesse, tali conclusioni sono vere o sono false. Ed è ovvio che, a parità di dati sperimentali, lo scienziato preferisca avere a che fare con conclusioni vere che con conclusioni false. Bisogna comunque fare attenzione al momento al quale ci si riferisce. Quando si espone un processo storico già compiuto, si dà in genere una grande rilevanza al contributo della matematica, anche solo perché questo semplifica di molto l'operazione. Quando invece gli scienziati raccontano in prima persona il percorso che li ha condotti a un certo concetto e a una certa teorizzazione, molti di loro tendono a riferirsi piuttosto a cammini mentali in cui l'intuizione prevale sulla matematica. È difficile dire chi abbia ragione, anche perché gli esempi da addurre sono abbastanza pochi. Resta comunque il fatto che la matematica riveste in questa opera di teorizzazione un'enorme importanza e mostra tutto il suo stupefacente potere.

Giova ripetere però che la matematica arriva spesso «a cose fatte». Tutto quello che abbiamo detto sopra sulla terna di operazioni fisiche fondamentali accade prima dell'intervento, anche solo potenziale, della matematica. Per poterle offrire alla matematica, le cifre degli sperimentatori devono essere raccolte in maniera significativa e non disordinata. Il «distillato», per così dire, della «fisicalizzazione» del nostro mondo deve necessariamente essere consegnato alla matematica, ma solo dopo che è stato individuato, elaborato e distillato.

Ho fatto notare all'inizio che la storia della scienza come la stiamo raccontando non è obbligatoriamente composta di fatti veri, ma solo di fatti pensabili e concettualmente plausibili e significativi. A questa osservazione si riallaccia una lunghissima sequela di discussioni dei filosofi prima e dei filosofi della scienza poi sul valore «veritativo» dell'induzione. Che cos'è l'induzione? Quell'ipotetica operazione mentale per cui da una serie di analisi sperimentali si giunge a una generalizzazione, se non alla formulazione di una legge. In linea teorica la scienza procede così, ma come sappiamo il fatto che un evento si sia presentato innumerevoli volte non garantisce che si ripresenterà di nuovo in futuro: critica giustissima, perniciosa e insormontabile. Ciò indotto alcuni filosofi (in Italia praticamente tutti) a concludere che la scienza non ha fondamento. E allora?

In primo luogo, gli scienziati sanno che la scienza non procede soltanto attraverso un processo induttivo. Quello che fa un vero scienziato, di ieri come di oggi, è in realtà un misto di induzione, deduzione, teorizzazione rigorosa ma anche basata sull'intuizione, l'immaginazione e l'ispirazione: le vie verso la conoscenza sono molteplici e fluide e talvolta assai contorte, se non nebulose. Il premio arriva solo in fondo: si verifica se il tutto regge oppure no all'esecuzione di sempre nuovi esperimenti, talvolta lontanissimi anche concettualmente da quelli che hanno suggerito la teoria stessa. La coerenza interna e l'irreprensibilità delle argomentazioni sono gradite ma non strettamente obbligatorie. E questo i filosofi non lo possono capire! Sono abituati da sempre a procedere per ragionamenti più o meno rigorosi e a non lasciar passare nulla di illegittimo, ma la grande scienza è decollata solo quando si è rifiutata, più o meno consapevolmente, di sottoporsi a tale mannaia. Le conclusioni sono «vere» se conducono a predizioni che sono soddisfatte, e non se sono filosoficamente irreprensibili. Altrimenti non avremmo neppure la ruota.

Saldamente legato a queste considerazioni c'è l'argomento sul valore di verità della scienza, che è un filo conduttore di questo libro. Occorre prima soffermarsi su due domande correlate: che cosa vuol dire vero? e che cosa c'è di indubbiamente vero? Fatta questa riflessione, si può anche passare a impostare un discorso onesto sulla verità delle scienza.

Ho parlato abbastanza a lungo della misura e della quantità, ma ora è opportuno considerare che esistono tantissime cose che non si possono misurare, almeno al momento. Non è possibile dare una misura della felicità, né della forza di una passione come di mille altre cose. Non si potrà negare che è difficile parlare di tutto questo e fare confronti. Ogni affermazione resta dunque campata in aria e non sostanziabile: ognuno può dirne quindi quel che gli pare. Da ciò nascono tutte le nostre discussioni e dispute, e non si arriva a capo di niente. Forse peggiore è la situazione di quelle pseudoscienze che misurano, a vanvera, questo o quello. Così si scimmiotta solo la scienza e si alimenta l'ignoranza e l'inganno, mediati dalla falsa conoscenza. C'è qualcuno poi che su tali pseudoquantità imbastisce formule matematiche: la scienza è bella quando è seria, diventa comica quando non poggia su salde fondamenta.

Continuiamo con una domanda insidiosa: il tempo è una grandezza? Nelle nostre mani sì, ed esistono anche diverse utili unità di misura, ma lo è anche nella sua essenza più intima? È lecito applicare al tempo la procedura delineata per ogni operazione di misura? È interessante notare che per ora quanto si è argomentato, anche di rivoluzionario e controintuitivo, sul tempo come grandezza è stato soddisfatto dal tempo misurato dagli orologi. Mi sembra un'osservazione importante, che getta una luce particolare anche su altre grandezze.

Prima di abbandonare l'argomento della misura e delle quantità, voglio fare un'ultima riflessione, tutt'altro che ovvia. Il risultato di qualsiasi misura non è mai rappresentato da un numero secco, tipo 25 o 7432, bensì da un numero ± qualche altra cosa, tipo 25 ±0,007 oppure 7432 ±0,3. Come dire che ogni misura è approssimata, con diversi gradi di approssimazione. Ciò è ben noto agli addetti ai lavori, al punto che Bertrand Russell ebbe a dire una volta: «Tutte le scienze esatte sono dominate dall'idea dell'approssimazione». Ci può essere un indice migliore della sobrietà e della prudenza delle scienze sperimentali? Tale sobrietà, prudenza, e modestia, contrasta nettamente con la sicumera e le false sicurezze di molte psudoscienze e di molte cosiddette «certezze» spacciate alla gente nel quotidiano. Ci sono persone che non dubitano un attimo di ciò che affermano e lo fanno senza alcun pudore; il problema è che sono quelle che stiamo ad ascoltare più spesso e con più soddisfazione.

Ma come fa un oggetto a essere lungo qualcosa ± qualche altra cosa? Qual è la sua «vera» lunghezza, chiederà qualcuno. Non lo può sapere nessuno. Tutt'al più si può notare che con la ripetizione e l'affinamento delle misure l'intervallo di approssimazione si restringe. Tutto qui; non si può pretendere niente di più, almeno per il momento: se domani nascerà qualcosa di diverso dalla scienza attuale e che si riveli altrettanto affidabile, si vedrà. Non si può affatto escludere, ma per ora questo è quanto. Quelli che sollevano la domanda, e che mettono in dubbio l'intero edificio epistemologico della ricerca, affermano altresì che la scienza non si occupa del tutto e sul tutto non può dire niente. Ma non dicono mai che cos'è il tutto e come lo si può studiare, se non avanzando fantasiose ipotesi prontamente abbandonate dal pensatore successivo. È chiaro che è duro doversi accontentare del parziale e dell'approssimato, ma chi non ha capito questo della vita non ha capito niente. O fa finta.

# La meccanica

Dopo il capitolo introduttivo, occupiamoci della fisica del nostro mondo, cominciando dall'inizio: la meccanica. Anche in questo campo è stato necessario un lungo periodo di incubazione per individuare i parametri pertinenti: innanzitutto la posizione, la velocità e, cosa un po' più difficile ma fondamentale, l'accelerazione. Definire la posizione non è stato arduo; si tratta di localizzare nello spazio l'oggetto di studio, se è piccolo, o il suo baricentro, se è più grande. La localizzazione corrisponde all'individuazione di un punto nello spazio, nel piano, lungo una sola dimensione o su una linea se conosciamo la traiettoria seguita dall'oggetto stesso. Niente di più semplice: in un dato momento l'oggetto sta qui o sta lì. Ebbene, se l'oggetto in questione fosse una particella subatomica ciò non sarebbe possibile, o almeno non con tutta la precisione desiderata. Quello che sembra ovvio quindi ovvio non è, e deve essere verificato nei fatti. Ma torniamo al nostro mondo.

Se vogliamo che l'informazione sulla posizione sia veramente utile, occorre specificare in quale istante l'oggetto è lì e in quale è là, transitando, parrebbe scontato, per tutti i punti intermedi. In effetti è certo che un oggetto del nostro mondo passerà per tutti i punti intermedi, ma non è così per una particella subatomica, che ora è qui e poi è lì, senza che possiamo sapere per dove è passata. L'unione ideale dei punti per cui è passato (e forse passerà) un oggetto del nostro mondo si chiama traiettoria, che può essere rettilinea o curva. Il moto rettilineo è il più semplice che ci sia e gode di proprietà esclusive. È un'astrazione, certo. Probabilmente niente nel mondo segue questo modello, ma la fisica elementare è fatta, si sa, di utilissime astrazioni.

Lungo una traiettoria rettilinea un oggetto del nostro mondo può percorrere spazi uguali in tempi uguali. Questo moto si dice allora rettilineo uniforme, e di nuovo gode di proprietà esclusive. Il rapporto, in questo caso costante, degli spazi percorsi diviso i tempi impiegati, si chiama velocità e si può misurare in metri al secondo o in chilometri orari. Un moto uniforme avviene quindi a una velocità costante, nel tempo e nello spazio. In molti casi la velocità può variare, come quando freniamo o acceleriamo in macchina. Occorre allora determinare la velocità istantanea, cioè quella tenuta in un preciso istante, per intenderci quella che misura il tachimetro dell'auto. Come la si può determinare in pratica o calcolare in teoria?

Per la sua misurazione pratica esiste un certo numero di apparecchi di complicazione variabile. Per il suo calcolo teorico invece la via è abbastanza chiara. Supponiamo che io possa disporre di un tabulato che riporti tutte le posizioni dell'oggetto nei diversi tempi. La velocità, abbiamo detto, è rappresentata dal rapporto fra spazi percorsi e tempi impiegati. Se questo rapporto è fisso non c'è problema; ma se invece non lo è, e varia da momento a momento e da punto a punto? Scegliamo un momento e un punto, e cerchiamo di determinare la velocità istantanea dell'oggetto in quel punto.

In questo frangente ci viene in soccorso la matematica, quella vera e veramente utile, che nel mondo anglosassone prende il nome di *calculus* e da noi si chiama ampollosamente analisi matematica o calcolo differenziale. Si prende un piccolo intervallo di spazio intorno al punto desiderato e lo si divide per il piccolo intervallo di tempo che l'oggetto impiega a coprirlo: questo rapporto è indubbiamente una velocità, ma patisce il difetto che, per quanto piccoli, gli intervalli possono essere abbastanza grandi da contenere in sé già una variazione della velocità stessa. Si applica allora un artificio piuttosto usato e molto funzionale: un passaggio al limite. Si spinge progressivamente verso lo zero la lunghezza degli intervalli analizzati; in termini tecnici li si fa divenire infinitesimi. Se il rapporto resta stabile in questo passaggio e si fissa su un dato valore, si dice che quel valore limite è la velocità istantanea.

Queste sono le operazioni concettuali da mettere in atto, ma se le posizioni del nostro oggetto nei diversi tempi possono essere espresse con una formula intellegibile, cioè una funzione, il tutto si può eseguire per via matematica, determinando quella che si chiama derivata della funzione e il suo valore in quel punto e in quell'istante. La derivata di una funzione determina sempre il modo, veloce o lento, in cui questa cambia ed è utilizzata praticamente in ogni calcolo fisico, oltre che, ovviamente, matematico. La velocità istantanea di un oggetto che procede su un cammino rettilineo si trova quindi calcolando la derivata dello spazio percorso rispetto al tempo impiegato.

Ecco quindi i primi rudimenti dell'analisi matematica, messi a punto proprio in occasione della risoluzione di problemi come questo. Rappresentano uno dei grandi trionfi dell'ingegno e dell'inventiva dell'uomo e trovano un'applicazione pressoché universale nelle scienze del mondo.

Sempre considerando un oggetto in moto rettilineo ci si può anche chiedere con quale velocità cambia la sua velocità. Anche nella vita di tutti i giorni la variazione della velocità si chiama accelerazione ed è appunto questo il termine usato per misurare i cambiamenti di velocità, usualmente in metri al secondo per secondo, cioè metri al secondo al quadrato ($m/sec^2$). Se in un dato istante l'oggetto aumenta la sua velocità, la sua accelerazione sarà positiva; se la sua velocità diminuisce, la sua accelerazione sarà negativa; essa sarà infine nulla se l'oggetto si mantiene a una velocità costante. Per un moto uniforme l'accelerazione è zero.

Ho detto sopra che la derivata di una funzione determina sempre il modo, veloce o lento, in cui questa cambia. L'accelerazione istantanea di un oggetto che procede su un cammino rettilineo si determina quindi trovando la derivata della sua velocità, come dire la differenza della velocità osservata rispetto al tempo corrispondente, ovvero la derivata della derivata, detta anche derivata seconda, dello spazio percorso rispetto al tempo impiegato. Qualcuno dirà: «E la derivata terza dello spazio rispetto al tempo?». Dal punto di vista matematico, questa certo esiste, ma fisicamente non è rilevante; abbiamo così un esempio di grandezza pensabile ma non fisicamente pertinente. Perché gli esperimenti possono essere spiegati anche senza tirarla in ballo.

Quello che invece è stato a suo tempo fondamentale introdurre è il concetto di accelerazione, da affiancare a quello classico di velocità. I corpi non cadono con la stessa velocità, come si riteneva nell'antichità, ma con la stessa accelerazione, detta anche accelerazione di gravità, abbreviata in *g*, che misura più o meno 9,8 m/sec$^2$. È inutile puntualizzare che questo a rigore vale solo se il corpo cade nel vuoto. Se c'è l'aria che fa resistenza o peggio ancora se il corpo cade in un liquido, il discorso non vale più o vale solo approssimativamente. Fu senz'altro una grossa sorpresa per i dotti dell'epoca l'asserzione che i corpi cadono tutti con la stessa accelerazione e sollevò non poche perplessità, in sé e perché contraddiceva il principio di autorità, che nel caso specifico imponeva di seguire religiosamente la lezione di Aristotele.

A ben guardare non è chiaro se ai tempi di Galileo fosse più importante stabilire le leggi della caduta dei corpi o mostrare che si poteva anche contravvenire al principio di autorità.

Oggi la questione ci fa sorridere, ma allora non c'era tanto da sorridere e farlo era quasi impensabile. Secondo qualcuno il cammino della scienza è consistito proprio nel liberare l'uomo da tali limitazioni e insidiose pastoie. Dice per esempio Einstein: «A perenne vanto della scienza sta il fatto che essa, agendo sulla mente umana, ha vinto l'insicurezza dell'uomo di fronte a se stesso e alla natura». L'uomo ha vissuto infatti per millenni vittima di paura e di superstizione, e anche oggi ci ricasca appena può, alla faccia del Progetto Intelligente a cui secondo alcuni dovremmo la nostra esistenza.

Il moto rettilineo uniforme, ho detto, gode di una posizione speciale nella fisica del mondo. Stando all'interno di un vagone che si muove di moto rettilineo uniforme non posso sapere se sto fermo o se davvero mi muovo, a meno di guardare fuori dal finestrino. Galileo ha scritto pagine vivissime sull'argomento, perché gli premeva dimostrare che stando sulla Terra che gira intorno al Sole nessuno poteva capire se effettivamente ci muovevamo o invece stavamo fermi. Questa serie di osservazioni portò il nostro scienziato a formulare una prima relazione di relatività, detta appunto relatività galileiana: osservando fenomeni meccanici, ché allora non si poteva fare altro, non posso decidere se sono fermo o sono in un sistema in moto rettilineo uniforme. Dal punto di vista della meccanica, insomma, tutti i sistemi fermi o in moto rettilineo uniforme l'uno rispetto all'altro sono equivalenti tra di loro. Estendendo il principio all'insieme dei fenomeni della fisica, e in particolare a quelli elettromagnetici, quattro secoli più tardi Albert Einstein arrivò a formulare la sua teoria della relatività!

Piuttosto diversa è la situazione quando un oggetto percorre una traiettoria non rettilinea, per esempio un cerchio, un'ellissi o semplicemente una linea contenente alcune curve. In questo caso, anche se la velocità è costante, si ha comunque un'accelerazione diversa da zero. Per cambiare direzione, infatti, occorre un'accelerazione, magari trasversale o radiale.

Ecco che esuliamo dal campo dei sistemi in moto rettilineo uniforme e dalle loro proprietà.

A dire il vero una velocità in genere non è semplicemente un numero – 25 m/sec o 70 km/h – ma ha anche una direzione e un verso. Una quantità associata a una direzione e a un verso viene detta vettoriale, cioè è rappresentata da un vettore, caratterizzato da un modulo – il valore della quantità in questione –, una direzione e un verso. Abbiamo già visto che per cambiare il modulo di una velocità occorre un'accelerazione, lo stesso dicasi per modificarne la direzione o il verso. Ogni moto non rettilineo è associato a un'accelerazione, anche se il valore numerico della velocità dell'oggetto non varia. Anche l'accelerazione è un vettore, con un suo modulo, una direzione e un verso. Nel caso di un moto rettilineo, la direzione è la stessa della velocità, ma il verso è lo stesso oppure il contrario a seconda che il corpo acceleri o rallenti. Nel caso dell'accelerazione di gravità la direzione è verticale e il verso ovviamente in giù. Su una traiettoria curva la situazione è più complessa, perché il vettore velocità può cambiare di intensità, certo, ma anche di direzione se non di verso. Esisterà quindi sempre un'accelerazione, in genere diretta perpendicolarmente alla direzione del moto. Per studiare il moto su una curva è necessario tenere conto di tutto questo, e non è per niente banale.

Vedremo ora che l'accelerazione si può percepire con il nostro corpo. Se un treno o un'auto accelerano, cioè subiscono un'accelerazione positiva, ci si sente spinti indietro, mentre se frenano, cioè subiscono un'accelerazione negativa, ci sentiamo spinti in avanti. Percorrendo una curva, specialmente se stretta, ci si sente spinti in fuori, come se si tendesse ad andare diritti. Queste sensazioni ben note ci fanno toccare con mano la nozione di accelerazione istantanea, anche se le accelerazioni più forti le avvertono i cosmonauti, quando decollano e quando rallentano. Nel primo caso si sentono schiacciati contro il sedile, nel secondo proiettati violentemente in avanti. Perché? Ce lo dirà la dinamica.

Fino adesso ho parlato di posizione, velocità e accelerazione. Abbiamo quindi semplicemente studiato il moto di un oggetto, fornendo i rudimenti della cosiddetta cinematica, la prima parte della meccanica. Quest'ultima non è solo descrizione del moto, ma anche una trattazione della sua generazione e modificazione in base alla situazione delle forze in gioco. Lo studio delle forze è detto anche dinamica, perché *dýnamis* in greco significa «forza».

Che cos'è una forza? Ce lo dice, indirettamente, il primo principio della dinamica o principio d'inerzia: ogni corpo prosegue nel suo stato di quiete o di moto rettilineo uniforme se non interviene qualche forza esterna a cambiare tale stato di cose.

Questo principio di capitale importanza venne formulato da Isaac Newton sulla base di una serie di osservazioni e generalizzazioni compiute da Galileo. Nella sua apparente semplicità il principio dice molte cose. Dice innanzitutto che un corpo può muoversi, di moto rettilineo uniforme, anche senza nessuna forza che lo spinge. Il fatto in questione era stato oggetto di numerose dispute da parte dei dotti antichi e medievali, e trovò solo allora la sua consacrazione. In secondo luogo il principio assegna allo stato di quiete o di moto rettilineo uniforme uno status tutto particolare: per raggiungerlo non occorre niente e anzi tende a mantenersi tale più che può. Lo vedremo una volta di più. È inutile dire che anche questa circostanza è stata oggetto di innumerevoli elucubrazioni e contese. Il principio d'inerzia rappresenta infine la definizione di forza. Una forza è tutto ciò che può, da solo, far cambiare lo stato – di quiete o di moto rettilineo uniforme – a un corpo. Quest'ultimo possiede quindi una propria inerzia che lo porterebbe a non cambiare.

L'intuizione non ci conduce in questa direzione. Tutto

rallenta e prima o poi si ferma. Il principio sembra allora valere solo nel vuoto o nello spazio siderale. Il punto è che nel nostro mondo esiste l'attrito: il primo principio ci dice allora che l'attrito si comporta come una forza. Si parla infatti di forze d'attrito, di fatto onnipresenti nella nostra quotidianità. Nello spazio siderale l'attrito non c'è, o è minimo, e vi si possono fare tante belle osservazioni. Questo andare e venire fra il nostro mondo e quello dei pianeti e dei satelliti è stato uno dei motivi dominanti della ricerca fisica del Seicento e del Settecento e ha portato all'edificazione di quell'opera monumentale che è la meccanica newtoniana.

In che cosa consiste questa inerzia dei corpi a cambiare il loro stato di moto? Ed è uguale per tutti i corpi, che siano in quiete oppure in moto? Il secondo principio della dinamica introduce la massa dei corpi, ovvero la misura della loro inerzia a modificare lo stato di moto; tanto è vero che la massa è chiamata a volte anche l'inerzia di un corpo. Il secondo principio sancisce che $F = ma$, e può essere letto in diverse maniere. Una forza $F$ applicata a un corpo gli impartisce un'accelerazione $a$ proporzionale all'intensità della forza medesima, nella sua stessa direzione e nel suo stesso verso, e inversamente proporzionale alla sua massa $m$; la massa di un corpo è allora il rapporto che intercorre fra una forza applicata e l'accelerazione da questo acquistata. A parità di forza, se la massa è grande l'accelerazione acquistata è piccola, mentre se la massa è piccola, l'accelerazione è maggiore: questo è proprio quello che ci aspettiamo da una misura dell'inerzia al moto.

Una forza ha un modulo, una direzione e un verso, si tratta cioè di un vettore, come l'accelerazione, mentre la massa è rappresentata da un unico numero e si definisce una quantità scalare, non vettoriale. L'unità di misura della massa è il chilogrammo, kg, o per essere più precisi il chilogrammo-massa, mentre l'unità di misura della forza, non troppo nota, è il newton. Invece del newton si può utilizzare il chilogrammo-peso che corrisponde al peso di un chilogrammo-massa. Questa unità vale, ovviamente, 9,8 newton, perché l'accelerazione di gravità *g* vale, abbiamo visto, 9,8 unità di accelerazione, cioè $m/sec^2$. Il newton perciò è una forza che corrisponde all'incirca al peso di un oggetto della massa di un etto.

Il peso è una forza diretta verso il centro della Terra e la sua intensità è proporzionale alla massa del corpo in questione. La Terra quindi per noi terrestri è un generatore di forze che puntano verso il suo centro. Come tutte le forze il peso può essere misurato con un dinamometro, costituito da una molla calibrata che si estende più o meno a seconda dell'intensità della forza stessa. Le comuni bilance automatiche sono esempi di dinamometro, e sono tutt'altro che precise. La stima migliore del peso di un corpo si ha per confronto con una serie di pesi standard, utilizzando una bilancia a due bracci. Le forze hanno sempre un punto d'applicazione, che è importante per analizzarne il comportamento. Il peso si applica invariabilmente al baricentro di un corpo, che si può trovare anche fuori di esso, in un corpo dalla forma a ciambella per esempio.

È impressionante quanti risultati possano essere raggiunti utilizzando la semplicissima relazione riportata sopra. Quando ci troviamo all'interno di un veicolo che frena ci sentiamo spinti in avanti da una forza proporzionale alla nostra massa e all'accelerazione impressa; analogamente quando ci troviamo in un veicolo che accelera ci sentiamo spinti indietro da una forza uguale alla nostra massa moltiplicata per l'accelerazione sperimentata. Infine se siamo su una curva, per esempio a sinistra, ci sentiamo spinti verso destra da una forza specifica che prende il nome di forza centrifuga. Il contrario succede se la curva è a destra. Più stretta è la curva o maggiore è la velocità con cui viene affrontata, più ci rendiamo conto del fenomeno, che accompagna comunque qualsiasi moto circolare. Maggiore è la nostra massa, più prepotentemente percepiremo l'effetto di tutte queste forze.

La massa di un corpo si può suddividere in moltissime parti. È una proprietà della materia quella di poter essere suddivisa, una volta si diceva all'infinito. Dovendo adottare un criterio specifico per la materia che la distinguesse dallo spirito, Cartesio scelse il suo essere estesa, cosicché chiamò la materia stessa *res extensa*, contrapposta alla *res cogitans* che sarebbe forse il pensiero. Non c'è dubbio che la materia occupi spazio e che quindi sia estesa, ma anche il fatto che sia divisibile potrebbe rappresentare un suo carattere distintivo. La grande sorpresa del secolo scorso è stata che nessun frammento di materia può essere suddiviso all'infinito. Arrivati a un certo punto non si può procedere oltre. La materia che noi conosciamo contiene elementi costitutivi irriducibili. Altrimenti la materia stessa non esisterebbe.

E veniamo adesso al terzo principio, detto di azione e reazione. Di solito lo si enuncia così: a ogni azione corrisponde una reazione uguale e contraria oppure, meglio, se un corpo $A$ esercita una forza $F$ sul corpo $B$, il corpo $B$ esercita sul corpo $A$ una forza $-F$, cioè della stessa intensità e direzione di $F$, ma di verso contrario. Anche questo è un principio che non ammette eccezioni e di importanza fondamentale. Sgombriamo subito il campo da una possibile obiezione: le due forze $F$ e $-F$ si annullano a vicenda e niente è successo. Non è così, perché il punto d'applicazione delle due forze è diverso. Succede eccome. Se sparo con un fucile di una certa potenza avvertirò immediatamente un rinculo sulla mia spalla che può essere anche molto forte. Oppure se a sparare è un cannone, questo tornerà indietro di un bel po' al momento dello sparo.

Che cosa è accaduto in entrambi i casi? Nella camera di scoppio, grazie alla deflagrazione della polvere da sparo, l'arma ha esercitato una forza sul proiettile e questo ha esercitato la stessa forza sull'arma, ma in senso contrario. Il proiettile è stato scagliato in una direzione e l'arma in quella opposta.

Essendo l'arma molto più grossa, vale a dire di maggior massa, del proiettile, il suo movimento, comunque ineliminabile, è molto meno pronunciato e violento. Una persona che rema manda indietro una certa quantità di acqua e perciò stesso spinge avanti l'imbarcazione sulla quale si trova. Il remo esercita sull'acqua un'azione e l'acqua esercita sul remo, e quindi sulla barca, una reazione uguale e contraria. L'elica spinge indietro l'aria o l'acqua e fa così avanzare l'aereo o il natante. Gli aerei a reazione procedono lanciando indietro una miscela di gas caldi e aria.

Le biciclette e le auto avanzano perché le loro ruote spingono il terreno indietro. Noi stessi camminiamo in avanti spingendo con i piedi il terreno all'indietro. È possibile perché c'è l'attrito che li tiene in diretto contatto con il terreno. Su un terreno completamente privo di attrito, come un lago ghiacciato senza alcuna asperità, noi non avanzeremmo affatto perché non avremmo niente a cui appoggiarci nel piano del moto. Dopo aver calzato scarponi chiodati ricominceremmo subito a muoverci. Si vede così l'importanza dell'attrito. Senza di esso niente si muoverebbe, eccetto i natanti a vela che senza l'attrito dell'acqua andrebbero peraltro a sfracellarsi per la troppa velocità.

L'esistenza dell'attrito è quindi *condicio sine qua non* per iniziare molti tipi di moto. Ma non avevamo forse detto che i fondamenti della meccanica erano stati posti facendo finta che l'attrito non esistesse? Sì, l'avevamo detto e lo ripetiamo. Per studiare l'andamento di numerosi tipi di moto prendere in considerazione l'attrito è uno svantaggio, ma nella generazione del moto e nello studio dell'equilibrio l'esistenza dell'attrito è essenziale. Come è possibile allora che i rudimenti della meccanica si possano apprendere come se l'attrito non esistesse?

La fisica nello specifico e buona parte della scienza in generale procedono spesso ignorando qualche aspetto della realtà, almeno nella fase iniziale. Eppure l'edificio regge e la sua costruzione procede speditamente. L'importante è che l'omissione sia consapevole e controllata, e gli scienziati sono maestri in questo. Del resto, senza molte di queste omissioni, la scienza non sarebbe mai decollata.

Ritorniamo alla meccanica studiata come se l'attrito non esistesse. Una persona che perseguisse un approccio rigoroso non potrebbe mai accettarlo, ma la storia dimostra che avrebbe torto. La scienza procede fin che può come se l'attrito non ci fosse, salvo poi reintrodurlo a poco a poco dove serve. È un gioco di tempi e di sapienti attese, senza danno per il risultato finale. L'aver ignorato l'attrito all'inizio non ha impedito infatti di progettare e costruire le turbine e indagare la meccanica dei vortici e delle turbolenze, che costituiscono l'applicazione più clamorosa dell'attrito stesso. Studiare tutto in una volta, ammesso di poterlo fare, non avrebbe invece condotto a niente. E sarebbe veramente possibile studiare tutto insieme? Chi ci garantirebbe che abbiamo tenuto conto davvero di tutto?

Non è che la natura si studi un poco per volta, piuttosto la scienza si edifica ogni giorno un poco per volta. Partendo dalla percezione del mondo e dalla concezione «ingenua» della stessa, l'unica cosa dalla quale possiamo partire.

Con questi tre principi fondamentali si è completato il quadro delle conoscenze necessarie per circoscrivere e risolvere un problema di meccanica. In teoria non occorrerebbe altro, ma avere a che fare con l'azione delle forze al di fuori dell'equilibrio e quando agiscono per brevi istanti non è un'impresa facile. Il tutto viene però semplificato se accanto alla forza introduciamo altri due concetti, quello di quantità di moto e quello di energia cinetica.

La quantità di moto di un corpo di massa $m$ che procede a velocità $v$, è definita come il prodotto di $m$ per $v$. La caratteristica fondamentale di questo nuovo concetto consiste nel fatto che la quantità di moto totale di un insieme di corpi che si trovino in un sistema chiuso si conserva, cioè non cambia.

È il primo caso di quantità conservata che incontriamo, ma non sarà l'ultimo e tutti avranno un'importanza sostanziale nella fisica di ieri e di oggi. Consideriamo ancora l'esempio della camera di scoppio di un fucile o di un cannone. Prima dell'esplosione il proiettile e l'arma avranno una certa quantità di moto; dopo ne avranno un'altra, di solito a ruoli invertiti. Ebbene, sommando le quantità di moto dei diversi componenti prima e dopo la deflagrazione si otterrà lo stesso valore, a patto di tener conto delle velocità con il loro segno, positivo in un verso e negativo in un altro.

Non importa che cosa avvenga di preciso dentro la camera di scoppio di un'arma o in un aereo a reazione; quello di cui possiamo essere sicuri è che la quantità di moto totale delle varie parti resterà costante. Lo stesso vale per il piede di uno che cammina e per il terreno su cui poggia, per il remo e per la massa d'acqua che muove, per la barca e l'acqua spostata dall'elica, e così via. La differenza fra la descrizione dei fenomeni data precedentemente e questa dovrebbe essere evidente: là si illustrava in dettaglio una serie di eventi, mentre qui si trascurano i particolari e si assume, fondatamente, che prima e dopo una certa grandezza fisica (nel caso specifico la quantità di moto totale) sarà costante. Questo semplifica molto i calcoli, anche perché si ha a che fare con una grandezza di definizione relativamente semplice. Vedremo poi l'importanza teorica di questa impostazione, importanza che travalica i limiti della meccanica classica.

Introduciamo ora un concetto fondamentale della meccanica e non solo: l'energia. Occorre però familiarizzare prima con il concetto di lavoro. Si dice che una forza $F$ che sposta il suo punto di applicazione di $s$ metri nella propria direzione compie un lavoro uguale al prodotto di $F$ per $s$. Se sollevo di 3 metri un peso di 100 newton (più o meno10 kg) compio un lavoro di 300 newton × metro, cioè 300 joule. L'unità di misura del lavoro è infatti il joule (J), anche se nella pratica se ne possono usare diverse altre.

Se lo spostamento *s* non sarà nella direzione di *F*, il lavoro sarà un po' minore, e precisamente uguale a *F* per la proiezione di *s* nella direzione della forza stessa. Questa proiezione può essere anche uguale a 0, se *F* e *s* sono perpendicolari, e in questo caso il lavoro compiuto è nullo. Se invece di tirarlo su, sposto un peso parallelamente al terreno, come con una valigia, non compio alcun lavoro. E allora, dirà qualcuno, perché faccio fatica a portare una valigia, specialmente se pesante? Quella che chiamiamo fatica non è lavoro propriamente detto, bensì lo sforzo che il braccio fa a tenere la valigia sollevata da terra; dovrebbe essere nullo dopo il primo sollevamento, ma non lo è perché la valigia va impercettibilmente su e giù.

Ebbene, l'energia non è altro che la capacità di compiere lavoro. E si misura con le unità di misura del lavoro stesso. Per esempio il peso di 100 newton che ho sollevato di 3 metri ha ora la capacità di ricadere giù facendo un lavoro di 300 joule. L'energia che possiede un corpo per il semplice fatto di essere sollevato da terra si chiama energia potenziale: il peso in questione ha quindi un'energia potenziale di 300 joule che può convertire in lavoro in ogni momento. Se lo lascio andare, cadrà giù acquistando una certa velocità. Se nella caduta non incontra alcun ostacolo, arriverà a terra con una determinata energia, che potrà utilizzare per deformarsi o per schiacciare qualche cosa. Questa forma di energia dovuta semplicemente alla velocità acquisita in volo prende il nome di energia cinetica, *T*, e vale la metà del prodotto della sua massa per il quadrato della sua velocità. Ebbene, al termine della caduta l'energia cinetica sarà esattamente 300 joule, come l'energia potenziale che possedeva prima di cadere.

Nella caduta dei corpi si ha quindi una conversione di energia potenziale in energia cinetica, e viceversa, senza residui, cioè l'una è uguale all'altra. In tutti questi moti dunque l'energia si conserva. Ciò non vale solo per le cadute dei pesi, ma per tutti i fenomeni nei quali si ha a che fare con forze dette conservative, cioè non dissipative. Vedremo tra qualche pagina che il principio della conservazione dell'energia, previe opportune aggiunte, ha una validità ancora più generale – riguarda cioè anche le forze dissipative – e si pone quindi come un cardine della fisica nella sua interezza. In qualsiasi evento fisico, insomma, l'energia si conserva, cioè non si crea né si distrugge, ma si trasforma, passando da un tipo d'energia all'altro. Questo è un altro esempio di principio di conservazione e, come quello della quantità di moto, gode degli stessi vantaggi e mostra le stesse prerogative. Ci stiamo avviando allora al trionfo della grande fisica, dopo gli inizi faticosi e incerti.

Così come le ho presentate, l'energia cinetica e la quantità di moto sono due grandezze distinte che godono di proprietà ben diverse. Nella storia invece le cose si sono rivelate ben più ingarbugliate. Quando si trattava di valutare gli effetti che un corpo poteva produrre in virtù della velocità acquisita, ci fu una certa sovrapposizione fra le proprietà che adesso chiamiamo quantità di moto ed energia cinetica e che teniamo chiaramente distinte. Ci fu un gran disputare di filosofi naturalisti e di scienziati su questo tema e per dirimere la questione occorse un bel po' di tempo. Mettere a fuoco le grandezze è stato un compito piuttosto arduo per la meccanica del Seicento e del Settecento.

C'è ancora un terzo principio di conservazione, che s'incontra complicando leggermente il quadro finora delineato: il principio della conservazione del cosiddetto momento della quantità di moto, o momento angolare, che ha a che fare con i moti rotatori. I corpi non si muovono solo come punti un po' estesi, rimanendo nella stessa posizione relativa rispetto al loro baricentro; questi sono solo movimenti di traslazione. Esistono anche i movimenti di rotazione nei quali un corpo ruota appunto intorno al proprio baricentro. Una giostra, una ruota, una girandola, il boomerang sono esempi eloquenti di tali movimenti.

Un corpo si mette in rotazione se è colpito da una forza

che non passa per il suo baricentro, ma a una certa distanza da esso. Il prodotto della forza per la sua distanza dal baricentro prende il nome di momento della forza stessa, mentre chiamiamo braccio della forza la sua distanza dal baricentro. Quanto maggiore è il braccio di una forza, tanto maggiore è la probabilità che questa metta in rotazione il corpo in questione. Per le rotazioni i momenti delle forze rivestono la stessa importanza che hanno le forze per le traslazioni. Un corpo esteso sta fermo se la somma di tutte le forze in gioco e dei loro momenti è 0. Ecco il principio che regge tutta la statica, la parte della meccanica che riguarda lo studio dell'equilibrio dei corpi.

Per i corpi in rotazione si può definire un momento della quantità di moto, o momento angolare, come il prodotto della quantità di moto per il braccio della stessa. Maggiore il braccio, maggiore il momento angolare. Analogamente a quello che succede per le quantità di moto, il momento angolare totale delle diverse componenti di un sistema chiuso si conserva, cioè rimane costante prima e dopo una serie di eventi. Si può avere una rappresentazione piuttosto eloquente di questo principio osservando le piroette di una pattinatrice sul ghiaccio. Prima estende le braccia e cerca di acquistare la massima velocità di rotazione possibile; poi ritira le braccia verso il corpo cominciando a roteare vorticosamente. Come mai? Poiché il momento angolare rimane costante, se lei riduce il braccio – ritirando a sé le braccia –, aumenta la quantità di moto e di conseguenza la sua velocità di rotazione. Un trucco semplicissimo che chiunque può mettere in atto. Come esempio contrario si può citare quello di un equilibrista che reggendo una lunga asta riduce la possibilità che il suo corpo ruoti e quindi lui cada.

Le tre conservazioni, della quantità di moto, del momento angolare e dell'energia, dominano la meccanica classica e agevoleranno in seguito l'inquadramento di fenomeni assai diversi. Mostreranno perciò un vigore esplicativo eccezionale, superiore a tutte le altre formulazioni.

Dicono infatti una cosa importantissima dal punto di vista concettuale: non ci sono «posti» preferenziali nell'universo, ma le leggi della fisica sono uguali ovunque e sempre. In particolare dicono, nell'ordine, che non c'è un punto privilegiato nello spazio né una direzione privilegiata, e non c'è un momento privilegiato nel tempo. La conservazione della quantità di moto assicura che tutti i punti dello spazio sono uguali per la descrizione dei fenomeni fisici; la conservazione del momento angolare garantisce che tutte le direzioni nello spazio propongano la stessa serie di eventi; e, infine, la conservazione dell'energia sostiene la convinzione che ogni momento nel tempo è equivalente a ogni altro. Queste affermazioni sono vere nella stragrande maggioranza delle condizioni sperimentali ordinarie. Magari vicino a un buco nero o nell'intervallo di tempo che segue di poco il cosiddetto Big Bang, quando tutto è cominciato, non valgono, ma si tratta di esempi estremi.

Incontreremo in seguito altre leggi di conservazione con una proprietà in comune: esiste una quantità che si conserva ogni volta che le leggi della fisica sono invarianti per qualche operazione. L'invarianza per traslazione nello spazio implica la conservazione della quantità di moto; l'invarianza per rotazione nello spazio implica la conservazione del momento angolare; l'invarianza per spostamento nel tempo implica la conservazione dell'energia. Esiste un teorema generale che afferma tutto questo, il teorema di Nöther, dal nome della matematica tedesca Emmy Nöther che lo individuò per via teorica all'inizio del secolo scorso.

Talora invece che di invarianza si parla di simmetria: ogni volta che i fenomeni fisici sono simmetrici per qualche operazione esiste una quantità a essi associata che si conserva. Le due formulazioni sono assolutamente equivalenti; a volte si usa l'una a volte l'altra, ma il significato dell'affermazione non cambia.

Ripetiamo dunque che, generalmente, esistono almeno due modi diversi per dar conto dei fenomeni fisici: elencare in maniera ordinata una serie di eventi e le vicissitudini dei valori delle grandezze interessate, oppure richiedere semplicemente che durante tali eventi si conservino certe quantità. A volte si può scegliere tra i due modi, altre no, come vedremo più avanti.

Abbiamo solo cominciato a parlare di ciò che studia la fisica, limitandoci alla meccanica, ma ci siamo già imbattuti in leggi e principi di validità generale. Lo scopo della filosofia naturale prima e della scienza poi è proprio quello di indagare se esistano simili principi, che possano fornire un quadro di riferimento a tutte le osservazioni e le regolarità dei fenomeni naturali. Molti degli scienziati che hanno dominato la scena in questi quattro secoli di scienza sperimentale si sono impegnati in tale ricerca di principi e di leggi. Questo è in effetti l'obiettivo finale di un uomo di scienza, ma a tale propensione naturale si è andato associando un elemento, di altra natura, lungo le linee del seguente ragionamento. Se il mondo l'ha fatto Dio, devono esistere leggi generali che lo governano, perché Dio stesso lo ha assoggettato a esse. La ricerca scientifica può condurre quindi all'individuazione di tali leggi, universali ed eterne in quanto opera del Creatore. Nel loro intimo numerosi scienziati ne erano persuasi e si sono sforzati di identificarle, certi che esistessero e che dovessero essere universali ed eterne. Costoro sono stati spronati da tale convinzione metafisica a impegnarsi al massimo e ad affrontare con tenacia tutti gli alti e bassi che la grande ricerca impone. Tentare di scoprire le leggi di Dio è stata insomma nella storia una potente motivazione in più per edificare la fisica e tutta la scienza.

Parte integrante di tale impresa è stato il convincimento che la matematica abbia uno status superiore e che il suo uso in questa indagine sia imprescindibile, al punto che qualcuno ha affermato semischerzosamente che «Dio è un matematico». Nessuno sa che cosa è veramente Dio, ma ciascuno tende a tirarlo dalla sua parte. È indubbio però che convinzioni del genere abbiano rappresentato, lo ripeto, una vigorosa spinta per esplorare il mondo e tentare di carpirne i segreti. Certo, se questi segreti sono esplicitabili e qualcuno o qualcosa, leggi Dio, li conosce, è più facile pensare che prima o poi riusciremo a conoscerli pure noi, soprattutto se siamo persuasi di essere fatti a Sua immagine e somiglianza.

# La gravitazione

La grande stagione dei tentativi di individuare le leggi di Dio è cominciata con la scoperta della legge di gravitazione universale da parte di Isaac Newton. Attraverso di essa Newton, già eminente unificatore della meccanica e autore materiale dei tre principi che abbiamo ricordato, mise per così dire insieme il cielo e la terra. La caduta dei corpi nel nostro mondo e il moto dei pianeti nel cielo vennero a rappresentare nella sua mente manifestazioni diverse della medesima forza, la forza di gravità. Ogni corpo più pesante dell'aria cade perché attratto dalla forza di gravità della Terra e ogni pianeta gira intorno al Sole senza allontanarsene perché attratto verso di esso dalla sua forza di gravità. Per il principio di azione e reazione la Terra attira i corpi nello stesso tempo in cui quelli attraggono la Terra, e il Sole attira un pianeta nello stesso tempo in cui quello attrae il Sole. La forza gravitazionale che lega due masse $m_1$ e $m_2$ distanti $r$ tra di loro, è uguale al prodotto di $m_1$ per $m_2$ e inversamente proporzionale a $r^2$, il tutto moltiplicato per $G$, la costante di gravitazione universale, che assumerà nei secoli un significato sempre più radicale, fino a divenire una delle tre costanti che reggono tutta la fisica contemporanea.

Facciamo un passo indietro. Gli uomini hanno sempre scrutato il cielo e l'astronomia è insieme alla matematica e alla geometria la scienza più antica, precedente di molto la nostra era.

Si susseguirono tante teorie e tante polemiche, ma col tempo venne consolidandosi una visione che noi chiamiamo sistema tolemaico, o geocentrico, secondo il quale la Terra è al centro dell'universo, e stelle e pianeti noti le girano intorno. Il cielo delle stelle fisse fa da sfondo a tutto questo e costituisce il riferimento obbligato per i moti dei pianeti e del nostro satellite, la Luna. Nei secoli questa concezione è stata talmente perfezionata da consentire calcoli e previsioni di ogni tipo. Il prezzo pagato è stato una complicazione e un'artificiosità di calcolo incredibili.

Verso la metà del Cinquecento, Copernico propose una visione assai diversa che prese il nome di sistema copernicano o eliocentrico. Ora era il Sole a trovarsi al centro del sistema solare e i pianeti, compresa la Terra, gli giravano intorno. La teoria era frutto di innumerevoli osservazioni fatte nel corso di venti secoli e di predizioni e smentite di ogni tipo. Il risultato è stato una vera e propria rivoluzione, la rivoluzione copernicana appunto, che turbò molti animi e ne esaltò altrettanti. Il mondo non si aspettava questo rovesciamento di prospettiva e rimase sbigottito perché era ormai abituato a vedere la Terra al centro del sistema solare e il Sole e i pianeti girarle intorno. Ne seguì quindi un'infinità di discussioni, tutte basate su ragionamenti teorici e sulla speculazione.

Galileo sposò questa nuova visione ed essenzialmente per questo venne perseguitato e condannato. Il processo innescato, però, era ormai inarrestabile. Le osservazioni dello stesso Galileo, con o senza l'ausilio del cannocchiale, e di tanti altri fecero a poco a poco pendere l'ago della bilancia a favore della teoria eliocentrica. Un contributo fondamentale arrivò da Keplero che all'inizio del Seicento formulò le tre famose leggi del moto dei pianeti, le quali compendiano una quantità enorme di osservazioni e di calcoli:

I. Nella sua rivoluzione intorno al Sole un pianeta descrive un'orbita piana di forma ellittica, più o meno eccentrica, della quale il Sole occupa uno dei fuochi.

II. La linea immaginaria che in ogni momento dell'anno congiunge il Sole e il pianeta spezza aree uguali in tempi uguali.
III. Il quadrato del periodo di rivoluzione è proporzionale al cubo del semiasse maggiore dell'ellisse.

Queste tre leggi, semplici ma non semplicissime, spianarono la strada alla imponente generalizzazione di Newton. Da notare che la prima legge parla di un'orbita ellittica, non circolare. Anche questa fu una grossa sorpresa per tutti, perché moltissimi, compreso lo stesso Galileo, davano per scontato che i pianeti percorressero una circonferenza, in omaggio al pregiudizio metafisico secondo il quale solo il moto circolare era perfetto e perciò degno delle orbite celesti. Come si vede, anche un grande scienziato può nutrire concetti aprioristici che valgono finché valgono. Questi, come tutti gli altri, andrebbero messi alla prova, ma in qualche parte del nostro cervello regna sempre un pregiudizio. Ecco perché nella scienza non esistono autorità che non si possano mettere in discussione. Tale convinzione rappresenta una rottura totale con la filosofia naturale che di idee non verificate è piena.

Un'altra cosa su cui vale la pena soffermarsi è che i pianeti seguono un'orbita ellittica chiusa e quindi a intervalli regolari ritornano sui loro passi. Hanno infatti un periodo di rivoluzione che rappresenta il tempo impiegato a percorrere un'intera orbita. Anche alcune comete, come quella di Halley, percorrono orbite ellittiche, seppure di estensione enorme: il periodo di rivoluzione della cometa di Halley è di ben 75 anni. Altre invece possono seguire orbite paraboliche o iperboliche non chiuse e pertanto, passate una volta, non si ripresentano mai più. L'orbita di un oggetto spaziale è ellittica, con una certa eccentricità, parabolica o iperbolica a seconda delle condizioni iniziali, cioè a seconda di come è cominciato il suo stesso moto.

La seconda legge vale per tutti i moti centrali, cioè quelli in cui la forza ha la medesima direzione della congiungente il corpo con la fonte della forza stessa, e discende direttamente dai principi della dinamica, prescindendo dal tipo di forza in gioco.

La terza legge invece, che costò a Keplero più di dieci anni di lavoro, è compatibile solo con la formula della forza di gravitazione universale che abbiamo dato sopra. La sua derivazione concettuale è molto semplice. È sufficiente richiedere che in ogni punto della sua orbita il pianeta sia in equilibrio fra due forze opposte: quella che lo attrae verso il Sole e quella che tenderebbe ad allontanarlo dalla sua orbita a causa della sua velocità. La prima possiamo definirla una forza centripeta, mentre la seconda è di fatto una forza centrifuga. Inserendo i valori giusti di queste due forze si arriva con un po' di matematica alla formulazione della terza legge di Keplero. Osserviamo che proprio questo è il motivo per cui a bordo delle navicelle spaziali c'è assenza di gravità: l'attrazione di gravità e la forza centrifuga dovuta al moto circolare si pareggiano e si annullano a vicenda. Perché allora, dirà qualcuno, noi sentiamo la gravità? Nel nostro mondo noi avvertiamo quella della Terra, non quella dovuta al Sole che si annulla con la forza centrifuga esercitata sulla Terra stessa dal suo moto circolare.

Le leggi di Keplero costituiscono un monumento all'ingegno umano e dettero un potente scossone alla teoria geocentrica. Ma ci fu casualmente anche un altro fenomeno celeste che disorientò i tradizionalisti. Nell'ottobre 1604, poco prima della pubblicazione delle leggi di Keplero, comparve nella costellazione di Ofiuco una «stella nova» che brillò in cielo per circa un anno. Si trattò dell'esplosione di una cosiddetta supernova in qualche parte remota dell'universo. L'impressione fu enorme, anche perché tutti gli occhi degli astronomi dell'epoca erano puntati verso il cielo in attesa di una congiunzione, cioè di una momentanea sovrapposizione, di Marte, Giove e Saturno.

Il cielo «delle stelle fisse» non era più immutabile e privo di eventi, ma qualcosa di nuovo vi poteva accadere, seppure di tanto in tanto. Tutto il fascino e l'aura metafisica della costruzione tolemaica venivano a dissolversi o, almeno, venivano messi a dura prova. Non si poteva più trattare quindi di una «sfera» celeste costituita una volta per tutte e capace solo di ruotare intorno a noi. Non tutti ebbero una percezione immediata dell'importanza del fenomeno, ma gente come Galileo e lo stesso Keplero non poterono sottovalutare il significato di tale osservazione, che travalica l'ambito del sistema solare.

Poi arrivò Newton. Una volta unificata e codificata la meccanica, Newton si occupò anche del moto dei pianeti, riconducendolo a un'unica forza che domina nell'intero universo, fino alle galassie più lontane, e lo pervade, perché da essa non ci si può proteggere. Non esiste da nessuna parte un fenomeno per così dire «antigravitazionale» che possa neutralizzare la forza di gravità e ogni corpo materiale vi è soggetto «senza schermi». Non è una forza molto cospicua e «si diluisce» con il quadrato della distanza, ma è sufficiente a tenere tutto sotto controllo, più o meno energicamente. Notiamo che persino il corpo più piccolo che segue l'attrazione di qualcosa di cospicuo non per questo smette di esercitare la propria forza gravitazionale, per quanto minuscola: anche le cose attratte attraggono e cooperano così a riempire l'universo di questa forza, in proporzione della loro massa, che è una grandezza passiva e attiva allo stesso tempo.

Un astro di notevole massa, come il Sole o più ancora, stabilisce nello spazio un campo di forze, che molti altri corpi celesti grandi e piccoli possono subire. Ci troviamo per la prima volta al cospetto del concetto di campo, che dominerà la fisica dei secoli successivi. Tutto lo spazio intorno a noi è in effetti popolato da un'infinità di campi di vari tipi e di varia intensità. Usando come «sonda» un piccolo corpo si può esplorare questo campo e farne una fotografia o, se preferite, una mappa, annotando per ogni punto l'intensità del campo stesso. I punti che si trovano su una sfera centrata sul Sole sentono più o meno la stessa intensità di attrazione, la quale va diminuendo con il crescere del raggio della sfera stessa, e più precisamente con il crescere del quadrato di tale raggio. Detta sfera è chiamata anche superficie equipotenziale, proprio perché su di essa la potenza del campo gravitazionale è la stessa. Si possono disegnare tante superfici equipotenziali quanto si vuole per cercare di dare una rappresentazione visiva al campo stesso.

Le linee immaginarie perpendicolari a tali superfici equipotenziali sono dette linee di campo o linee di forza e hanno tutte la medesima direzione della forza di gravità esercitata dall'astro centrale, per esempio il Sole. Si tratta di un'infinità di rette radiali che partono da esso. Un'infinità di rette non può essere disegnata; se ne scelgono perciò solamente alcune adottando un criterio che si è rivelato davvero utile: si disegnano questi raggi in modo che differiscano tra di loro dello stesso angolo e che per ogni superficie che incontrano il loro numero sia proporzionale all'intensità del campo in quella regione. Si ha così una rappresentazione visiva molto eloquente di tutto ciò che c'è da sapere sul campo in questione.

La rilevanza della proposta newtoniana sta anche nell'aver legato in questa maniera cielo e terra. Intorno a noi i corpi cadono in continuazione con modalità riproducibili, e anche quando non cadono, pesano e rimangono così avvinti al terreno. Niente sfugge a siffatta forza universale che in questo caso ci avvince al pianeta Terra per azione della sua massa; sulla Luna i corpi pesano meno che sulla Terra, approssimativamente un sesto di quaggiù; su Marte invece poco più di un terzo di qui. Anche vicino alla superficie terrestre esiste un campo gravitazionale, ma data la piccolezza dei nostri oggetti rispetto alla superficie terrestre, le linee di forza ci appaiono tutte parallele e verticali, come abbiamo già detto. Insomma, con questo nuovo passo il cielo si approssima sempre più alla terra e viceversa, e gli scienziati spingono verso una visione sempre più naturalistica delle cose. Ma il processo è tutt'altro che completato.

Resta però un problema di non poco conto: che cos'è questa forza che pervade l'universo e grazie a quale incantesimo tiene avvinti tutti i corpi materiali? Non ci sono nello spazio, è chiaro, catene né funi che leghino per esempio la Terra al Sole. Questo ci disturba notevolmente e ancora più disturbava i contemporanei di Newton, abituati a concepire ogni azione come esercitata direttamente da un corpo su un altro. Ora si trattava invece manifestamente di un'azione a distanza, un concetto nuovo e difficile da accettare. Newton si rese conto del problema, ma non volle affrontarlo, affidandosi alla famosa espressione «*Hypotheses non fingo*», non faccio ipotesi. Il suo atteggiamento è rimasto emblematico della posizione dello scienziato e mai è stato più appropriato di oggi.

A margine di queste considerazioni s'impone un'osservazione certamente di grande importanza ma dal significato oscuro, oscurissimo direi. Tutti sanno che cos'è la massa, la misura della quantità di materia contenuta in ogni corpo, ma guardare dentro a un tale concetto è tutt'altro che semplice e lineare. Abbiamo introdotto la massa nel contesto del secondo principio della dinamica: $F = ma$. La massa che figura in questa formulazione può anche essere definita come massa inerziale, perché misura l'inerzia di un corpo, vale a dire la sua resistenza al cambiamento di velocità. La massa però è presente anche nella formula della forza del campo gravitazionale. In questo ulteriore contesto essa misura il suo coinvolgimento nell'attrazione gravitazionale universale e può essere definita come massa gravitazionale. Due contesti, due diverse definizioni. Viene naturale allora misurare la differenza fra i valori di queste due masse dello stesso corpo, ma sembra essere nulla.

Fin dall'inizio dello studio della gravitazione sono stati fatti esperimenti per quantificare tale differenza, prima molto grossolani, poi sempre più precisi, e ancora oggi ci sono misurazioni volte a cogliere questo particolare aspetto della realtà. Mai dire mai, nel campo della scienza e, come è noto, i risultati negativi non possono costituire conoscenza scientifica, ma la differenza non si trova, come se le due diverse definizioni di massa dovessero condurre allo stesso valore, nell'ambito degli errori sperimentali. Si parla quindi, anche se con la dovuta cautela, di equivalenza della massa inerziale e della massa gravitazionale, e l'affermazione costituisce il cosiddetto principio di equivalenza, che ha inquietato molti scienziati e sarà poi accolto da Einstein come suggerimento di partenza per l'elaborazione della sua teoria della relatività generale. Non c'è dubbio comunque che la constatazione che un corpo fa resistenza al cambiamento di velocità con lo stesso vigore con il quale attrae ed è attratto dalle masse degli altri corpi non può non farci risuonare dentro un qualche campanello; nessuno però è in grado di dire di quale tipo.

Tutti coloro che sottolineano esageratamente ogni mutamento nella scienza e che parlano ampollosamente di un certo numero di rivoluzioni scientifiche, mostrano di ignorare, più o meno in buona fede, che i problemi nuovi o nuovissimi hanno un cuore antico. Quasi per definizione la scienza è un corpo unico, anche se in continua evoluzione. Nonostante tutte le sue difficoltà concettuali, la meccanica newtoniana, per esempio, è andata bene per ogni operazione materiale degli ultimi due secoli, e anche oggi se qualcuno vuole mandare un satellite in orbita deve prevalentemente appoggiarsi su di essa. Per non parlare di chi costruisce locomotive e aerei.

La monumentale costruzione di Newton incontrò molti consensi entusiastici e, inevitabilmente, feroci critiche. Divenne presto oggetto di conversazioni da salotto e poco più di dieci anni dopo la morte di Newton si registrò pure la pubblicazione di un curioso libro assai popolare: *Newtonianismo per le dame* di Francesco Algarotti. Tremendo e sprezzante fu invece il giudizio che dell'opera di Newton dette Hegel, che ne stigmatizzò «l'insipidezza degli esperimenti», per concludere criticando «la cattiva qualità dei ragionamenti, delle illazioni e delle dimostrazioni, fatte mediante quei dati empirici impuri», frasi che ricordano da vicino la posizione di tanti filosofi di oggi.

Nonostante tutto, alla sua morte furono tributati a Newton grandissimi onori e il suo corpo fu tumulato nell'Abbazia di Westminster. Voltaire, che presenziò al funerale, disse che era stato sepolto come un re. Tale devozione è in netto contrasto con quanto era capitato meno di un secolo prima al nostro Galileo, che venne seppellito in gran segreto «per non scandalizzare i buoni» e non «offendere la reputazione» della Santa Inquisizione. Per non parlare del povero, innocente Giordano Bruno, crudelmente bruciato vivo all'alba del XVII secolo.

Per Newton Alexander Pope compose un celebre poemetto che comincia così: «La natura e le leggi della natura giacevano nascoste nella notte; Dio disse "Che Newton sia!", e luce fu». E sulla sua tomba fu inciso in latino l'epitaffio: «Si rallegrino i mortali perché è esistito un tale e sì grande (*tale tantumque*) vanto del genere umano». Non si occupò solo di gravitazione Newton, ma anche di ottica, rivelando per esempio la composizione spettrale della luce bianca. Ma di questo parleremo tra poco; i trionfi della meccanica e della gravitazione universale sono più che sufficienti per assicurarne in eterno la fama.

Va notato semmai che tali trionfi ebbero il ruolo di far illudere l'uomo. Più di uno pensò erroneamente che così si fosse scoperto tutto e che non ci fosse più niente da sapere. Il Settecento è pervaso da tale convinzione, al punto che il grande matematico e fisico francese Pierre-Simon Laplace ebbe a pronunciare sul fare dell'Ottocento la famosa frase: «Possiamo considerare lo stato attuale dell'universo come l'effetto del suo passato e la causa del suo futuro. Un intelletto che a un determinato istante dovesse conoscere tutte le forze che mettono in moto la natura, e tutte le posizioni di tutti gli oggetti di cui la natura è composta, se questo intelletto fosse inoltre sufficientemente ampio da sottoporre questi dati ad analisi, esso racchiuderebbe in un'unica formula i movimenti dei corpi più grandi dell'universo e quelli degli atomi più piccoli; per un tale intelletto nulla sarebbe incerto e il futuro proprio come il passato sarebbe evidente davanti ai suoi occhi».

Tale orgogliosa dichiarazione, che è dubbio potesse essere asserita anche allora, rappresenta una specie di *summa* dello spirito scientifico dell'epoca, confidente nella possibilità di spiegare tutto, date certe condizioni iniziali. Nei secoli tale professione di fede nella scienza è divenuta l'affermazione cardine di un determinismo fisico assoluto, che se da una parte rassicura, dall'altra non lascia alcuna opportunità alla sorpresa e al caso, cioè alla libertà nel mondo e del mondo. Che le cose non stiano così, né allora né oggi, fu chiaro via via che il quadro delle leggi alle quali le cose del mondo dovevano obbedire si fece di gran lunga più complesso. Non è il caso di farne una colpa né a Laplace né tantomeno a Newton, ma è fuori discussione che, allora come ora, credere di sapere tutto impedisce di fatto di progredire, ponendosi sempre nuove domande e mettendo in dubbio alcuni aspetti delle conoscenze raggiunte. Dovevano ancora venire il calore, l'elettricità e il magnetismo, e soprattutto la fisica atomica, e gli uomini del Settecento già credevano che la storia fosse finita! Grande è la tentazione di rilassarsi e di vivere di rendita sulle conoscenze acquisite, soprattutto se discendono da importanti e luminose conquiste.

# Ancora meccanica

Mi sono un po' dilungato sulla meccanica, perché costituisce per certi versi il modello e il fac-simile della fisica nel suo divenire. In effetti è stato nella meccanica che si sono gettate le basi concettuali e metodologiche della fisica degli anni successivi. Forse per un motivo abbastanza semplice: la meccanica studia a fondo e investiga i fondamenti di eventi a noi familiari da sempre. I movimenti e le forze che li generano sono da tanto tempo oggetto di discussione e in fin dei conti non introducono troppi elementi nuovi e inusitati. Le vere sorprese vennero con lo studio del calore e dei fenomeni elettromagnetici, per non parlare della chimica dell'atomo o dei submicroscopici fenomeni vitali.

In effetti fino a ora non abbiamo nemmeno esaurito tutto il campo della meccanica. Abbiamo trattato dei corpi solidi non tanto estesi e che possono essere ridotti senza troppa difficoltà a punti materiali. Ma è stato piuttosto chiaro fin dal principio che la materia può esistere in almeno tre stati: solido, liquido e gassoso.

Lo studio della meccanica dei corpi solidi è stato facilitato dall'introduzione di una delle più utili astrazioni della fisica, un'irrealistica ipotesi metodologica da porre accanto a quella di movimento senza attrito: il corpo rigido. Non si deforma mai e non possiede elasticità: due punti presi a caso su di esso restano sempre alla stessa distanza l'uno dall'altro. Tale astratta assunzione si è rivelata preziosissima, anche se tutti sanno che non corrisponde a niente di reale. Concetti come baricentro o momento d'inerzia dominano la meccanica dei corpi rigidi, ma non ritengo opportuno soffermarmici ora.

Nessun corpo è totalmente rigido; quasi tutti sono almeno parzialmente deformabili e molti mostrano maggiori o minori proprietà elastiche. Quando si spara un corpo solido contro una parete o lo si lascia cadere a terra, si può osservare un certo numero di comportamenti diversi. Il corpo si può schiacciare contro l'ostacolo incontrato: si tratta in questo caso di un corpo e di un urto completamente anelastici. Il corpo non solo non rimbalza nemmeno un po', ma si deforma tutto. Sappiamo che questo corpo in virtù del suo movimento aveva una certa energia cinetica. Dopo l'urto non ne ha più; sembra sparita, ma in realtà è servita tutta a compiere il lavoro necessario per deformare il corpo stesso.

Spesso il corpo rimbalza con maggiore o minore velocità e si dirà che si è in presenza di un corpo e di un urto elastico. In un caso estremo si potrà avere un urto totalmente elastico; il corpo torna indietro con la stessa velocità con la quale è arrivato e a volte può rimbalzare da terra quasi fino all'altezza dalla quale era caduto. Per un attimo anche in tal caso sembra che l'energia cinetica sia sparita, ma poi viene restituita nella quasi totalità, sostenendo il moto del corpo in direzione opposta, anzi nel verso opposto. Nel caso dell'urto completamente anelastico la sua energia cinetica si trasferisce dentro il corpo, compiendo il lavoro di deformarlo. Anche nell'urto completamente elastico l'energia cinetica si trasferisce dentro il corpo, ma questo, invece di deformarsi, fa in modo di restituirla tutta, o quasi, così da muovere il corpo in senso inverso.

Anche se sembra scomparire, per sempre o per un attimo, l'energia si conserva, magari cambiando natura: in un caso si trasforma totalmente divenendo una sorta di energia potenziale che resta all'interno del corpo, nell'altro si trasforma momentaneamente in una forma di energia potenziale all'interno del corpo, la quale subito dopo si riconverte in energia cinetica. Da notare che quell'energia che abbiamo chiamato potenziale all'interno del corpo si può più propriamente definire energia chimica, una delle tante forme che l'energia può assumere: cinetica, gravitazionale, acustica, termica, chimica, elettrica, magnetica, luminosa, nucleare eccetera.

L'elasticità, maggiore o minore, è una proprietà dei corpi che ha a che fare con la loro struttura interna. Molti metalli sono elastici e abbiamo già parlato del dinamometro, un particolare tipo di molla che entro certi limiti si allunga in proporzione della forza, o in particolare del peso, che vi si applica. Se la forza non è troppo debole né troppo forte l'allungamento della molla sarà proporzionale alla forza. Si dice che in questo caso il corpo segue la legge di Hooke, secondo cui in certe condizioni l'allungamento è proporzionale alla forza applicata. Nessun materiale segue perfettamente questa legge, ma alcuni vi si avvicinano.

Avendo a che fare con corpi estesi è conveniente introdurre il concetto di densità, la massa di un'unità di volume del corpo stesso, così che la massa del corpo si ottiene moltiplicando la sua densità per il suo volume. La densità non è una grandezza esprimibile con un numero puro, ma è molto affine al peso specifico, un numero puro, di cui si parlava alle scuole elementari. Affermare che il ferro ha il peso specifico di 7,85, il mercurio di 13,59 e il platino di 21,4, significa dire che, a parità di volume, una cosa di ferro pesa 7,85 volte di più che se si trattasse di acqua, una di mercurio 13,59 volte di più e una di platino 21,4 volte di più. È inutile ricordare che il peso specifico dell'acqua è, per definizione, 1 e che la sua densità è 1 kg/dm$^3$. L'olio ha una densità inferiore a 1, ovvero 0,9-0,95, l'alcol puro ancora inferiore, 0,79, e il sughero 0,24. Conoscendo il peso specifico, o la densità, di un materiale, si può facilmente calcolare la massa e il peso di una sua certa quantità.

Non tutti i corpi sono solidi e nei secoli ci si è dovuti rendere conto dell'esistenza dei liquidi e più tardi dei gas. A più riprese ciò ha fatto pensare che anche i solidi fossero costituiti di parti più piccole le quali, se in essi non sono libere di muoversi, lo sono invece nei liquidi e ancor più nei gas. Che cosa sono queste parti più piccole? Parrà strano, ma per metterle completamente a fuoco si è dovuto attendere l'inizio del secolo scorso! È paradossale considerare che per tanto, tantissimo tempo si sia ritenuto che tutte le cose fossero costituite da una miscela dei famosi quattro elementi di base: terra, acqua, aria e fuoco. Il grande Ludwig Boltzmann nel 1906 andò a suicidarsi a Duino, vicino a Trieste, forse anche per le difficoltà che la comunità scientifica internazionale aveva ad accettare la sua teoria sulla natura e il comportamento delle molecole, le più grandi delle piccole parti di cui è composta appunto la materia.

Oggi noi sappiamo che tutti i corpi – solidi, liquidi o gassosi – sono essenzialmente collezioni di molecole, che sono a loro volta aggregati di atomi. La molecola è comunemente definita come la più piccola parte di un corpo che ne condivide la natura chimica. È stata infatti la chimica, cresciuta da un certo momento in poi accanto alla fisica, ad aiutarci più di ogni altra disciplina a chiarire la natura di molecole e di atomi.

Qualcuno si chiederà dove mettere allora l'atomismo di Leucippo, Democrito, Epicuro e Lucrezio. Loro sapevano da tempo che la materia era fatta di atomi. La materia in realtà non è fatta di atomi come loro li pensavano, nemmeno approssimativamente. La grandezza e l'importanza dell'atomismo sono di valore culturale e sociale. Per almeno due ragioni.

In primo luogo, la conoscenza dell'atomismo antico e l'istintiva simpatia che questa posizione filosofica ispirava ai più – certo non alla Chiesa – ha funzionato nel retrobottega della mente di molti come falsariga, sorgente d'ispirazione e sprone per le importanti scoperte della chimica che hanno accompagnato il cammino della fisica. Era chiaro a tutti che la materia potesse e dovesse sbriciolarsi, si trattava solo di determinare come e quando.

In secondo luogo, l'atomismo antico è stato una visione della vita e dell'uomo davvero molto promettente e produttiva che, miracolosamente, nelle sue grandi linee è sopravvissuta fino a oggi. Poter comprendere bene la natura e le sue leggi è un potente, insostituibile antidoto contro la paura e la superstizione, che hanno afflitto l'uomo da sempre e particolarmente nei secoli bui del Medioevo. Confidare nello spirito della ricerca tipica dell'atomismo costituisce una impressionante sorgente di ottimismo e di sincero umanesimo, una rivalutazione dell'uomo e dei suoi sforzi contro i capricci e gli arbitri di divinità di ogni tipo. «Queste tenebre, dunque, e questo terrore dell'animo occorre che non i raggi del sole né i dardi lucenti del giorno disperdano, bensì la realtà naturale e la scienza» canta Lucrezio nel primo libro del *De rerum natura*. E nel quinto: «Così il corso del tempo porta a mano a mano ogni cosa a compimento, e la ragione la innalza alle rive della luce». La nostra epoca non ha ereditato, insomma, dall'atomismo greco e romano la sua fisica, ma la sua visione della vita e della lotta contro l'invisibile e l'insondabile, contro tutte le forme di fatalismo e di acquiescenza a oscure forze superiori, molto raramente benevole. La visione atomistica è inoltre anche oggi un forte baluardo contro tutti i tipi di fondamentalismo, e Dio solo sa se ce n'è bisogno.

I grandi spiriti, guidati dalla sete di sapere, hanno tratto dall'atomismo la spinta a ricercare e comprendere ma, come succede spesso, i piccoli uomini si sono contentati della lettera della concezione atomistica e non si sono affannati più di tanto a capire di cosa fosse formata la materia. Si riteneva, insomma, di sapere bene di che cosa sono fatte le cose e per secoli non si è sentita l'esigenza di guardarvi dentro, o più dentro. In sé e per sé l'essere costituita di parti più piccole potenzialmente separabili non spiega niente e non risponde a nessuna delle domande che lo studio della struttura della materia ci pone. Con due sole eccezioni: le tre forme – solida, liquida e gassosa – in cui si presenta la materia fanno supporre che le parti più piccole vi possano essere disposte in maniera differente, e l'osservazione che con il caldo i solidi si dilatano potrebbe permettere di gettare un'occhiata sulla disposizione di queste parti piccole, che si chiamino atomi o altrimenti.

La chimica di oggi ci dice che tutti i corpi ordinari – solidi, liquidi o gassosi – sono formati da un aggregato di molecole, cioè le loro parti più piccole che ne conservano l'identità chimica. Le molecole costituenti si muovono con grande libertà in un gas, con meno libertà in un liquido e con libertà minima in un solido. Anche quando non si muovono, però, le molecole possono agitarsi sul posto o, al minimo, ruotare e vibrare, e lo fanno con maggiore intensità quanto più alta è la loro temperatura.

Dentro i corpi le diverse molecole possono essere completamente separate e facilmente individuabili oppure incatenate tra di loro, ma sono sempre costituite a loro volta da un certo numero, piccolo o grandissimo, di atomi. Gli atomi sono solo di 92 tipi diversi, ciascuno appartenente a un unico elemento chimico. Il grande, grandissimo trionfo della chimica dell'Ottocento è stato appunto determinare che tutto è fatto di una combinazione di un certo numero di atomi dei 92 elementi diversi, e oggi sappiamo che per mettere insieme la maggior parte dei corpi ne basta di fatto solo una quarantina. È raro trovare un corpo costituito da un unico elemento e anche quando questo accade, come nel caso del carbonio, il corpo può assumere configurazioni differenti, come per esempio il diamante e la grafite o più recentemente il grafene.

I diversi elementi sono individuati da un numero, detto numero atomico: da 1, l'idrogeno, a 2, l'elio, 3, il litio, 4, il berillio, 5, il boro, 6, il carbonio, su su fino a 92, l'uranio. Il numero atomico identifica senza ambiguità l'elemento perché misura il numero di elettroni che girano intorno al suo nucleo atomico, che contiene altrettanti protoni più un certo numero di neutroni. Poiché in ogni atomo il numero di elettroni, elettronegativi, è uguale a quello dei protoni, elettropositivi, la materia è di norma elettricamente neutra. Questo fatto elementare spiega come mai siamo dovuti arrivare al Settecento per renderci conto dell'esistenza e dell'importanza eccezionale dei fenomeni elettrici e magnetici, nonostante che la forza elettromagnetica sia una delle quattro forze fondamentali, che insieme alla gravitazione reggono l'intero universo.

I fenomeni elettrici e magnetici sono oggi fondamentali nella nostra vita di tutti i giorni e non c'è descrizione della realtà che possa prescinderne. Passando dal mondo delle particelle e degli atomi al nostro si assiste al progressivo tramonto della carica elettrica, perché la materia ordinaria su questo pianeta è in pratica sempre elettricamente neutra. Per essere carico elettricamente un atomo o un piccolo gruppetto di atomi deve perdere o acquistare uno o più elettroni e divenire uno ione, positivo o negativo. Le cariche elettriche che fluiscono nei nostri apparecchi quotidiani sono semplici elettroni o ioni. L'elettricità utilizzabile è tutta affidata a elettroni o ad atomi alterati in ioni. Come vedremo a tempo debito, una carica elettrica in movimento genera poi un campo magnetico.

Gli atomi si legano tra di loro a formare molecole indipendenti o reti cristalline. Il normale sale da cucina, cloruro di sodio, NaCl, per esempio è costituito di due tipi di atomi, sodio (Na) e cloro (Cl). Il loro legame è prevalentemente elettrico: lo ione positivo di sodio, $Na^+$, si lega allo ione negativo del cloro, $Cl^-$. Questo è un caso estremo, anche se non isolato. Esistono in realtà molti tipi di legame, che possono implicare una maggiore o minore attrazione elettrica fra ioni di segno opposto o possedere una natura completamente diversa, non spiegabile nei termini della fisica classica. Ogni atomo o piccolo gruppo di atomi ha una sua valenza, ovvero la capacità di accettare o cedere uno o più elettroni: $Na^+$, $H^+$ e $OH^-$ sono monovalenti, mentre $Ca^{++}$, $Mg^{++}$ e $O^{--}$ sono bivalenti, e $Al^{+++}$ trivalente. Non tutti i gruppi hanno un'unica valenza; il ferro può essere bivalente $Fe^{++}$ o trivalente $Fe^{+++}$, e così via. Alcuni legami sono molto facili da rompere, altri no. Per saperlo occorre basarsi sull'esperienza.

Anticipando di molto quello che diremo più avanti, ma per completare l'argomento relativo alla struttura dell'atomo, occorre aggiungere che a ogni elemento è associato un peso atomico, oltre che un numero atomico. Il numero atomico lo individua chimicamente senza ambiguità, abbiamo detto, rappresentando il numero dei suoi elettroni e dei protoni presenti nel suo nucleo. Il peso atomico invece conta tutti i suoi nucleoni, cioè i protoni più i neutroni. Per l'uranio, per esempio, si hanno 92 protoni e 238 fra protoni e neutroni: questi due numeri sono rispettivamente il suo numero atomico e il suo peso atomico. All'estremo opposto, l'idrogeno possiede ordinariamente un solo protone nel nucleo, quindi 1 è contemporaneamente il suo numero atomico e il suo peso atomico. Il carbonio ha un numero atomico di 6 e un peso atomico di 12.

Ma non è tutto così semplice. Il carbonio, per esempio, ha quasi sempre peso atomico 12, ma in piccolissime quantità può anche avere un peso atomico di 14, e si chiama allora $^{14}C$. Questo è un isotopo del normale carbonio, $^{12}C$, ed è radioattivo. Isotopi sono quindi detti due atomi che condividono lo stesso numero atomico, e sono pertanto chimicamente identici, ma hanno peso atomico diverso. Il normale carbonio $^{12}C$ ha 6 protoni e 6 neutroni, mentre il suo isotopo carbonio $^{14}C$ ha 6 protoni e 8 neutroni. Detto di passaggio, il carbonio-14, o radiocarbonio, è importantissimo perché ci permette di datare oggetti che abbiano qualche decina di migliaia di anni. L'uranio, che ha usualmente il peso atomico di 238, ha un isotopo con il peso atomico di 235, $^{235}U$, rilevante per i reattori nucleari, e uno con un peso 234, $^{234}U$. All'estremo opposto, l'idrogeno con un numero atomico di 1 e il peso atomico di 1, $^1H$, ha due isotopi, uno di peso atomico 2, $^2H$, detto deuterio, e uno di peso atomico 3, $^3H$, chiamato trizio. Il deuterio è un costituente della cosiddetta acqua pesante, $^2H_2O$. Alcuni isotopi si possono trovare in natura, anche se in percentuali minime, altri invece sono frutto di esperimenti di laboratorio. Molti di loro sono instabili e quindi radioattivi, cioè inclini a cambiare natura emettendo radiazioni.

Il fatto è che, pur senza aver capito molto della struttura della materia, l'uomo si è interessato da tempo anche alla meccanica dei fluidi, cioè dei liquidi e in misura minore dei gas. A differenza dei solidi, i fluidi assumono la forma del recipiente, ma se un liquido ha un suo volume relativamente costante, i gas tendono comunque a riempire tutto lo spazio disponibile.

I liquidi non hanno la stessa compattezza dei solidi, però le varie parti si attirano reciprocamente in maniera abbastanza vigorosa, così che presentano una superficie libera orizzontale. Questa si forma, e può avere anche una certa tenacia, proprio perché le molecole del liquido si attraggono tra di loro e mostrano di avere una discreta coesione. Tale coesione prende anche il nome di tensione superficiale. In un piatto di brodo si osservano di solito tante gocce circolari di grasso o di olio. Queste gocce si tengono separate dal liquido acquoso circostante proprio per la loro tensione superficiale. Se si avvicinano tra di loro due piccole gocce oleose, esse saranno portate a fondersi in una più grossa, sempre per effetto della tensione superficiale del liquido grasso. Se a una minestra del genere si aggiunge del sapone, la tensione superficiale diminuisce e le gocce oleose tendono a spianarsi, disperdendosi infine nel brodo.

Con l'acqua saponata si fanno le bolle di sapone, sferette di liquido che si gonfiano, volano leggere e durano finché non collassano. Tali bolle sono a volte in grado di assumere una forma perfettamente sferica e disegnano invariabilmente la superficie minima che connette i supporti solidi sui quali si vanno a formare. La sottilissima pellicola che le contiene mostra spesso colori iridescenti bellissimi. Ciò è dovuto al fatto che la luce dà luogo a figure di diffrazione e di interferenza, riflettendosi e rifrangendosi innumerevoli volte sulle due superfici esterne della pellicola, che distano veramente pochissimo fra di loro. La pellicola superficiale fatta di acqua saponata è sede di una certa tensione superficiale che tiene la bolla temporaneamente insieme. Se il sapone, come abbiamo detto, abbassa la tensione superficiale del liquido in cui è sciolto, come fa la bolla a generarsi e gonfiarsi almeno per qualche attimo? Il punto è che nel gonfiarsi la bolla genera regioni in cui la concentrazione di sapone è più bassa e si abbassa ancora, e che si comportano quindi come se la tensione superficiale aumentasse invece di diminuire. Misteri della fisica, anzi della chimica-fisica!

Ai bordi della superficie liquida, alla coesione del liquido con se stesso tende a opporsi una certa forza di adesione che le molecole hanno per quelle del recipiente dove si trova il liquido. Se tale adesione non è troppo bassa, il materiale del recipiente si dirà bagnabile, altrimenti no. Il concetto di bagnabilità di un materiale è centrale nella pratica, perché interessa l'impermeabilità delle stoffe e l'azione dei detersivi.

Si tratta in realtà di due esigenze opposte. I materiali impermeabili sono quelli che l'acqua deve bagnare il meno possibile, eventualmente formando su di essi goccioline rotonde che non vi si schiacciano nemmeno. Al contrario, se vogliamo lavare un recipiente o un qualsiasi materiale, l'acqua lo deve bagnare per asportarne lo sporco, soprattutto se grasso. La superficie quindi deve essere bagnabilissima e per ottenere ciò usiamo sciogliere nell'acqua sapone o detersivi di vario tipo. Si tratta di sostanze che abbassano di molto la tensione superficiale del liquido. La tecnologia, e in particolare la nanotecnologia, ha fatto recentemente miracoli nel creare materiali sempre più bagnabili o al contrario assolutamente non bagnabili.

Ai bordi estremi la superficie del liquido non è più completamente orizzontale e mostra gli effetti di tutto quello di cui abbiamo parlato. La superficie presenta un cosiddetto menisco, che si osserva meglio quanto più stretto è il recipiente. Il menisco può essere più o meno pronunciato e a forma di U, cioè concavo, o di U rovesciata, cioè convesso.

Da cosa dipende? Ovviamente, dalla natura del liquido e da quella del recipiente. Detto in parole povere, dipende dal fatto che le molecole del liquido siano più attratte dalle altre molecole del liquido stesso oppure da quelle del recipiente. Nel primo caso si ha un menisco convesso, cioè a U rovesciata; nel secondo, un menisco concavo, cioè a U. Se il recipiente è di vetro, il mercurio mostra un menisco convesso, mentre l'acqua un menisco concavo. In questo secondo caso se il recipiente è molto stretto, praticamente un tubicino, il liquido può «risalire» nel tubo e mostrare una superficie libera che si trova molto più in alto che se il recipiente fosse più largo. Il fenomeno è dovuto alla capillarità, che è un'espressione dell'affinità delle molecole liquide per quelle del recipiente.

Per studiare quantitativamente il comportamento dei fluidi la fisica ha dovuto introdurre una nuova grandezza che per i solidi non ha molta importanza: la pressione, con cui si indica la forza che preme su una certa superficie. La sua unità di misura standard, ma ce ne sono molte altre, è il newton su metro quadro, $N/m^2$, denominato anche pascal, Pa, e indica la forza che preme su una certa superficie. Da notare che dimensionalmente una pressione può anche essere considerata un'energia per unità di volume. Ne riparleremo più avanti.

L'atmosfera è un'altra unità di misura della pressione che si rivela di grande utilità: occorre considerare che un'atmosfera equivale a circa 100.000 Pa. Data la sua incomprimibilità, un liquido esercita dappertutto una stessa pressione, su altre masse di liquido, sulle pareti o sul fondo. In particolare sul fondo si può dimostrare che la pressione sarà proporzionale alla densità del liquido moltiplicata per l'altezza della colonna liquida, cioè per la distanza del fondo dal pelo del liquido. In punti diversi sarà ancora proporzionale all'altezza della colonna di liquido che li sovrasta, considerando che proprio sul pelo la pressione sarà solo quella atmosferica. Se il liquido è acqua, la pressione sarà di un'atmosfera per ogni 10 metri sotto l'acqua. Chi sta a 30 metri sotto l'acqua sperimenta 3 atmosfere di pressione dovute all'acqua, più ovviamente un'atmosfera dovuta alla pressione atmosferica. Chi sta a 100 metri sperimenta 11 atmosfere di pressione. L'incredibile aumento di pressione che si riscontra via via che si va più in profondità nell'acqua spiega moltissimi fenomeni tipici delle immersioni, e in particolare il fatto che scendendo occorre ogni tanto fermarsi a «compensare», cioè a adattarsi alla nuova pressione. Se il liquido in questione è più denso dell'acqua, le varie pressioni crescono in proporzione.

Se un recipiente largo comunica con uno stretto è facile osservare che il liquido contenuto raggiunge la stessa altezza in entrambi. Questa è una delle conseguenze del cosiddetto principio dei vasi comunicanti, secondo il quale la pressione in ogni punto di una colonna liquida prescinde dalla sua forma. Questo fatto può essere utilizzato per amplificare le forze usando un dispositivo idraulico al posto di una leva. Se si applica una piccola forza a un pistone che comprime una colonna di liquido contenuta in un recipiente cilindrico di piccolo calibro e questo è in comunicazione con un cilindro di calibro superiore, si otterrà l'applicazione di una forza molto maggiore su un pistone presente nel secondo recipiente, perché le due pressioni, forza diviso superficie interessata, devono essere uguali. L'amplificazione della forza può essere usata per schiacciare con vigore con una pressa idraulica o per sollevare grossi pesi con un martinetto, che può essere anche un cric.

Analogamente si può ricavare il cosiddetto principio di Archimede: un corpo immerso in un liquido, per esempio l'acqua, riceve una spinta dal basso verso l'alto uguale al peso dell'acqua spostata. Se il corpo ha una densità identica a quella dell'acqua resterà «a mezz'acqua», se ne ha una maggiore sprofonderà e se ne ha una minore tenderà a galleggiare. Questo perché il suo peso, rivolto verso il basso, sarà, rispettivamente, uguale, maggiore o minore rispetto alla spinta ricevuta dal liquido verso l'alto. È chiaro che il volume di liquido spostato è importante: maggiore è, più è probabile stare a galla. Come è noto, anche il ferro può galleggiare sull'acqua se occupa un volume sufficiente; altrimenti nessuna nave moderna potrebbe navigare.

Fin qui la cosiddetta idrostatica, ovvero lo studio dei liquidi in equilibrio, ma un liquido può anche essere in movimento e quindi occorre studiarne la dinamica, secondo quella disciplina che prende appunto il nome di idrodinamica o, più in generale, fluidodinamica. Anche in movimento un liquido continuerà a essere incomprimibile e dovrà ottemperare a certe condizioni di continuità. A prescindere dal fatto che il liquido scorra in un condotto o in un letto come un fiume, ha senso definire una quantità detta portata, che esprime il volume di liquido che passa per un determinato punto ogni secondo. Si può dimostrare che se il moto è stazionario, cioè non varia apprezzabilmente nel tempo, la portata è costante lungo tutto il percorso. Una delle conseguenze di questo principio sarà che dove il condotto si allarga il liquido rallenta, mentre dove si restringe il liquido accelera, come si può osservare facilmente in un corso d'acqua e, entro certi limiti, per il flusso sanguigno e il traffico automobilistico lungo un'arteria principale.

Ogni liquido reale mostra una determinata resistenza allo scorrimento. Il valore di tale resistenza, chiamata viscosità, è specifico per ogni tipo di liquido e diminuisce in genere con l'innalzamento della temperatura. Possiamo pensare che ogni rivoletto di liquido faccia una qualche resistenza a scorrere sugli altri, resistenza che cresce con l'aumentare della viscosità. Se analizziamo la velocità con cui fluisce in un condotto ciascun rivoletto di liquido si osserva che quelli che scorrono al centro, del tubo o del fiume, vanno veloci, mentre quelli via via più laterali procedono sempre più lenti, come si può facilmente notare osservando lo scorrere di un fiume nel suo letto.

Se la velocità è bassa, c'è poca viscosità e non si presentano ostacoli, si dice che il liquido segue un flusso laminare. I vari straterelli e rivoletti si muovono sì subendo una certa resistenza da quelli limitrofi, ma senza mischiarsi con quelli. In un certo senso ognuno procede per conto proprio. Questa è ovviamente una condizione ideale quasi mai soddisfatta. Se la velocità si alza o compaiono ostacoli di vario tipo, questa descrizione non corrisponde più allo stato delle cose; i diversi rivoli tendono a mischiarsi, a confondersi e disordinarsi, e magari a produrre vortici che rallentano ulteriormente il tragitto del liquido. Si dice in questo caso che si è in presenza di un flusso turbolento o addirittura vorticoso. È inutile sottolineare che predire il comportamento di un liquido in flusso laminare è molto più facile che predire quello di un flusso turbolento.

È questa ovviamente l'utilità di ipotizzare, quando si può, un flusso laminare. Appare comunque abbastanza evidente che in moltissime situazioni reali questo non è proprio il caso. In un ruscello ripido, intorno a una barca a remi o a un motoscafo il moto dell'acqua è necessariamente turbolento. Per non parlare di un'elica, di una turbina o di un reattore, meccanismi che sfruttano appunto l'esistenza di una turbolenza e creano essi stessi una molteplicità di vortici. Vortici che si formano pure nell'aria che un'auto fende molto veloce. In questo caso si cerca però di tenere più bassa possibile la turbolenza per migliorare l'aerodinamica della vettura e farle consumare di conseguenza meno carburante a parità di velocità.

Nel caso di un moto stazionario e di assenza di viscosità si può dimostrare che lungo tutto il tragitto del liquido vale una relazione – equazione di Bernoulli – che afferma sostanzialmente che l'energia totale delle varie porzioni di liquido tende a rimanere costante. Se è costante la densità del liquido e parliamo di un suo punto specifico, vale il principio di Bernoulli, secondo il quale le regioni più veloci presentano meno pressione e, viceversa, c'è più pressione laddove la velocità è minore. Anche su una strada, quando si va più veloci c'è meno «pressione» da parte degli automobilisti che vengono dietro, mentre quando si rallenta quella aumenta. Stiamo parlando di pressione psicologica, ma l'analogia regge bene, perché se invece dello stato d'animo degli automobilisti si considera la «ressa» delle parti d'acqua che seguono, queste spingono molto quando il flusso ristagna, mentre la pressione si allenta laddove il flusso è più rapido.

Tale principio, di validità quasi generale, può servirci a spiegare anche perché un'ala sostiene un aeroplano o un aliscafo. L'ala è sagomata e disposta in modo che quando è incontrata da aria ad alta velocità – ovviamente per l'azione dell'elica o del reattore – sotto di lei l'aria va più lenta che sopra. Il che equivale a dire che la pressione da sotto, diretta verso l'alto, è maggiore della pressione da sopra, diretta verso il basso. Se la superficie dell'ala è abbastanza grande, la differenza di pressione si trasforma in una differenza di forze, verso l'alto o verso il basso. Se la differenza di queste forze è diretta verso l'alto ed è maggiore del peso dell'apparecchio e del suo carico, l'ala e l'apparecchio volano. Naturalmente se si modifica la direzione dell'ala, anche questa spinta può cambiare direzione così da consentire di frenare e infine atterrare.

Gli uccelli non possiedono né l'elica né il reattore, e quindi devono procurarsi da sé, con il moto dell'ala, la differenza di velocità dell'aria sopra e sotto l'ala stessa. Il fenomeno fisico però è lo stesso: aria più veloce sopra e aria meno veloce sotto, così da avere una differenza di pressione che punta verso l'alto, la quale, trasformata in forza, li sostiene. Alcuni uccelli migratori spesso volano in formazione, cercando di massimizzare l'esito degli sforzi individuali: un risultato che ottengono ottimizzando la distanza di uno dall'altro e lo sfasamento del loro battito d'ali, in modo da trarre il massimo profitto dal volo dell'uccello che li precede senza esserne al contempo danneggiati.

*E come i gru van cantando lor lai,*
*faccendo in aere di sé lunga riga,*
*così vid'io venir, traendo guai,*
*ombre portate da la detta briga*

dice Dante nel canto di Paolo e Francesca.

# Calore e temperatura

Occupiamoci ora di calore e temperatura, argomenti che abbiamo già toccato, ma che richiedono di essere trattati in modo più approfondito. Dal punto di vista fisico è impossibile confondere il calore e la temperatura, ma qualcuno ci riesce. Il primo è una quantità, la seconda un parametro. Per dirlo in maniera più arzigogolata, il primo è una grandezza estensiva, la seconda intensiva, ovvero il primo cresce con la quantità di materia presa in considerazione, la seconda no. Una porzione qualsiasi di un corpo a 15 °C ha la temperatura di 15 °C, mentre contiene una quantità di calore inferiore a quella di una porzione più ampia del corpo stesso. La temperatura indica uno stato, mentre il calore esprime un contenuto. Per la precisione la temperatura di un corpo indica lo stato di agitazione delle molecole che lo compongono – più velocemente si muovono, più alta è la temperatura – mentre il calore misura la quantità di energia termica contenuta nel corpo stesso o trasferita o sottratta a quello.

La grande, grandissima scoperta dell'Ottocento è stata che energia meccanica e calore sono interconvertibili. Tale affermazione giunse totalmente inattesa data l'enorme differenza tra i due concetti, che avevano una storia, una derivazione e una definizione assolutamente diverse. Abbiamo visto come è nata l'idea dell'energia – capacità di compiere lavoro – e come è sorto il sospetto che si potesse conservare. L'idea di calore ha origini completamente differenti, nate nel dominio naturale del fuoco e maturate nell'ambito del riscaldamento e del raffreddamento dei corpi, ed eredita molte delle idee cresciute al tempo del cosiddetto calorico se non del flogisto, sorta di fluidi che potevano passare da un corpo a un altro o ristagnarvi.

Somministrando calore a un corpo se ne altera la temperatura e spesso se ne cambiano talune caratteristiche fondamentali; si fanno bruciare alcuni materiali, fondere i solidi, evaporare i liquidi ed espandere i gas, tutti fenomeni studiati da tempo nell'ambito del fuoco e del suo operato, nonché protagonisti delle manipolazioni dell'alchimista. Abbiamo già visto però che un corpo lanciato contro una parete si può deformare e riscaldare. Quando si trapanavano i fusti dei cannoni per crearvi il foro della miccia, questi quasi sempre si riscaldavano, come sappiamo accadere in qualunque operazione in cui è presente un forte attrito. D'altra parte, è sfregandoli che si accendono i fiammiferi e, prima della loro invenzione, si è provato a sfregare i materiali più diversi. Esiste quindi un calore, o addirittura una fiamma, che non deriva da altro calore o fuoco.

Fu così che a poco a poco le menti si aprirono pronte a uscire dagli steccati della tradizione, mostrando che entro certi limiti energia meccanica e calore sono convertibili l'una nell'altro e viceversa. Tutto questo ci fa un po' tenerezza, oggi che sappiamo che l'energia si conserva e cambia solo forma, da meccanica a termica, da elettrica a chimica, da luminosa a nucleare, ma per l'epoca fu un evento eccezionale, accolto con entusiasmo da alcuni e avversato da altri, al punto da diventare un principio, il primo principio della termodinamica: l'energia di un sistema isolato, composto in genere da una serie di corpi e dall'ambiente che li circonda, non si crea né si distrugge, ma si trasforma, passando da una forma a un'altra, per esempio da energia cinetica a calore o da lavoro a calore e viceversa.

Ciò implica che ogni sistema possiede comunque una certa quantità di energia, che può aumentare o diminuire. Possiamo pensare allora che esista una funzione dello stato dello stesso, che sia una sorta di energia interna, simboleggiata spesso con $U$, le cui variazioni danno la misura degli scambi energetici con il resto del mondo. Durante una qualsiasi trasformazione si può fornire energia al sistema sia tramite un lavoro meccanico sia con uno scambio di calore. Tale energia resta immagazzinata sotto forma di energia interna e può essere riutilizzata.

Non esiste un valore zero dell'energia interna, così che questa è definita a meno di una certa quantità da fissare di volta in volta. Ha senso invece parlare di un cambiamento di energia interna, caratteristico di ogni trasformazione, e che è numericamente uguale al calore assorbito meno il lavoro fatto. Se un sistema subisce una trasformazione ciclica che alla fine lo riporta al punto di partenza, la sua energia interna non subisce alcuna variazione. In sostanza, il primo principio mette in evidenza l'esistenza di un meccanismo di scambio di energia che non è esprimibile come lavoro meccanico evidente: a questo meccanismo diamo il nome di calore.

Abbiamo fino a qui acquisito una certa familiarità del lettore con il concetto di temperatura, anche perché noi abbiamo, come molti animali, speciali terminazioni nervose che sono sensibili proprio al caldo e al freddo. Ma anche studiare la temperatura non fu facilissimo, non fosse che per l'individuazione degli strumenti per misurarla e delle unità di misura. Si sono fatti tante speculazioni e tanto chiasso intorno al concetto stesso, che da un certo punto in poi si diffuse una sorta di parola d'ordine: la temperatura è ciò che si misura con i termometri. Un modo sbrigativo ma efficace di interrompere un cumulo di chiacchiere inconcludenti.

Un atteggiamento che tende a tagliare corto con le interrogazioni ontologiche su questa o quella grandezza o proprietà della fisica, rifugiandosi in una definizione che tiri in ballo direttamente gli strumenti di misura e solo quelli, prende il nome di operazionismo e venne codificato nel secolo scorso da Percy Williams Bridgman. La posizione operazionista ha parecchi pregi, soprattutto nella fisica più avanzata, e molti si saranno accorti che io ho una certa inclinazione ad abbracciarla. In alcuni casi comunque sembra proprio che non ci siano alternative, pena discussioni interminabili e del tutto oziose. Così, secondo una definizione operativa, «una grandezza fisica è definita mediante la prescrizione delle operazioni che si devono effettuare per misurarla», come dice per esempio Toraldo di Francia nel testo già ricordato.

Il termometro classico consiste di una colonnina di mercurio la cui altezza è in funzione della temperatura circostante, misurata in gradi. Il problema pratico è rappresentato dal fatto che esistono diverse scale. La nostra scala usuale, chiamata centigrada o Celsius, parte dalla definizione di 0 gradi per il punto di congelamento dell'acqua pura, e 100 gradi per il punto di ebollizione dell'acqua a livello del mare, dividendo l'intervallo in cento parti. Quando noi diciamo 15 °C intendiamo 15 gradi centigradi. Se si chiama 32 gradi il punto di congelamento dell'acqua e 212 il suo punto di ebollizione, dividendo l'intervallo tra questi punti in 180 parti si ottiene la scala Fahrenheit, diffusa nel mondo anglosassone. Le temperature vengono indicate come °F. D'estate in questi paesi non è raro sentire parlare di una temperatura esterna di 100 gradi, ovviamente 100 °F!

La fisica avanzata tende a usare un'altra scala ancora, quella assoluta o Kelvin, indicata di solito con una *T* maiuscola. La scala è quella centigrada, ma il punto di congelamento dell'acqua è posto a circa 273 gradi, perché parte dal cosiddetto zero assoluto, localizzato a –273,15 °C. I nostri 27 °C divengono qui 300 °K o, meglio, 300K.

Data la delicatezza delle misure di temperatura, oggi si considera anche l'esistenza di un principio zero della termodinamica: due corpi, *A* e *B*, che sono in equilibrio termico con un terzo corpo, diciamo *C*, sono anche in equilibrio termico tra di loro. Se essere in equilibrio termico vuol dire essere alla stessa temperatura, e se *C* è un termometro, tutto ciò significa che se misuro la temperatura di due corpi, diciamo *A* e *B*, e i valori che trovo sono uguali, i due corpi hanno effettivamente la stessa temperatura. Incredibile è la cautela con la quale procede la fisica!

Nella seconda metà dell'Ottocento si arrivò a una visione molto più immediata e chiara della temperatura di un corpo. Come abbiamo già anticipato, la temperatura è connessa direttamente con lo stato di agitazione media delle molecole che costituiscono il corpo in questione; tale agitazione può riferirsi a un vero e proprio movimento di traslazione delle stesse, a una loro rotazione o anche semplicemente a una loro vibrazione.

Perché se due corpi sono in equilibrio termico reciproco si trovano anche alla stessa temperatura? Ecco dove sta il legame essenziale fra calore e temperatura. A parità di tutto se due corpi si trovano a temperatura diversa, un po' di calore passerà inevitabilmente dal corpo più caldo a quello più freddo. D'altra parte il modo più semplice e diretto per alzare la temperatura di un corpo è quello di somministrargli una certa quantità di calore. La definizione stessa dell'unità di misura del calore, la caloria, coinvolge questo processo. Si definisce infatti caloria o, meglio, piccola caloria, la quantità di calore necessaria ad alzare di 1 °C la temperatura di un grammo d'acqua. Accanto alla piccola caloria esiste anche la Caloria, detta anche grande caloria o chilocaloria, usata nella vita di tutti i giorni, e uguale a 1000 piccole calorie. Il metabolismo basale di un uomo medio è di 1650 Calorie al giorno per un uomo e 1350 Calorie per una donna.

Quando ci si rese conto che il calore è una forma di energia si cercò immediatamente di connettere calorie e joule, determinando il cosiddetto equivalente meccanico della caloria, che risultò essere 1 cal = 4,18 J, ovvero 1 Cal = 4186,8 J. Da allora è indifferente misurare il calore in calorie, Calorie o in joule, anche se la forma corretta sarebbe sempre in J. È l'energia d'altra parte, comunque impartita a un corpo – come lavoro fatto su di esso o come calore cedutogli – che sostiene lo stato di agitazione delle sue molecole, ed è lo stato di agitazione di queste ultime a riflettere la quantità di energia contenuta in un corpo, cioè la sua energia interna.

Per fare alzare di 1 °C la temperatura di un grammo di acqua occorre, per definizione, 1 piccola caloria, e per gli altri materiali? Definiamo calore specifico la quantità di calore necessaria per scaldarne un chilogrammo di 1 °C. Per l'acqua è 1 Caloria, ovvero 4186 J, per il piombo appena 130 J, per l'olio circa 2000 J, per il rame e l'ottone circa 380 J, e così via. L'acqua quindi ha un calore specifico particolarmente alto, così che si riscalda e si raffredda con singolare lentezza. È questa la spiegazione del clima eccezionalmente mite nelle zone vicine al mare e del verso delle brezze, di mare di giorno e di terra di notte. Di giorno infatti è più calda la terra, perché l'acqua ci mette un tempo maggiore a riscaldarsi, mentre di notte è più caldo il mare, che si raffredda più lentamente della terraferma.

Sono in gran numero le proprietà particolari di cui gode l'acqua che fanno di questo elemento un preziosissimo ambiente, interno ed esterno, per la vita stessa.

Passare da energia meccanica a calore è facilissimo, ma è vero il contrario? È facile sì, ma non facilissimo. L'energia termica è disordinata, consistendo essenzialmente di moti molecolari di varia natura e orientamento, ma per compiere lavoro meccanico questi moti si devono allineare e cooperare. E questo non è immediato, anzi. Una parte del calore si può facilmente trasformare in lavoro, ma non tutto. Un'altra parte deve infatti rimanere calore e disordine. Ogni macchina termica deve necessariamente avere un rendimento inferiore a uno. È questo il senso profondo del secondo principio della termodinamica, che ha turbato svariate menti e che non ci appare un campione d'intuitività, anche se storicamente è stato individuato in anticipo rispetto al primo principio. Tanto è vero che ha diverse formulazioni.

La prima, quella di Kelvin, afferma che non è possibile realizzare una trasformazione il cui unico risultato sia l'assorbimento di calore da una sorgente termica e la sua completa trasformazione in lavoro. Insomma, si va senza residui da lavoro a calore, ma non viceversa. La natura soffre costituzionalmente di una tale asimmetria. Un corollario immediato di questa formulazione è che ogni macchina termica funzionante in ciclo deve necessariamente avere un rendimento inferiore a uno, e spesso molto inferiore.

Una seconda formulazione, quella di Rudolf Clausius, dice che non è possibile realizzare una trasformazione il cui unico risultato sia il passaggio di una certa quantità di calore da una sorgente a temperatura più bassa a una a temperatura più alta. D'altra parte sappiamo da tempo che il calore fluisce spontaneamente da un corpo a uno più freddo e non viceversa. Un'altra asimmetria di natura. È possibile ovviamente raffreddare un corpo, altrimenti non esisterebbero i frigoriferi, ma al prezzo di lavoro fatto dall'esterno.

Nonostante l'apparenza contraria, si può dimostrare che le due precedenti formulazioni del secondo principio sono assolutamente equivalenti: se una trasformazione sfugge al primo divieto sfugge anche al secondo e viceversa. Se ne può dare anche una terza, alquanto differente. Se si definisce una nuova grandezza chiamata entropia come il rapporto fra il calore scambiato e la temperatura assoluta, la cui unità di misura è il joule/grado kelvin (J/K), si può verificare che per un sistema isolato in ogni trasformazione questa aumenta o al massimo resta costante, ma non può mai decrescere. Ecco forse l'asserto più celebre del secondo principio della termodinamica: l'entropia totale di un sistema isolato non può mai diminuire e in genere si incrementa. L'entropia è un po' la misura del disordine che regna in un sistema. Perciò si può anche dire che il disordine di un sistema tende sempre ad aumentare. Il disordine può prendere la forma di agitazione termica delle molecole o di organizzazione chimica interna diminuita. In questo caso il disordine non è una parola astratta ma ci ricorda quella parte di energia interna di un sistema che non può essere trasformata direttamente in lavoro.

Esiste invero anche un terzo principio della termodinamica, messo in luce solo nel secolo scorso. Se chiamiamo, come abbiamo visto, zero assoluto la temperatura di –273,15 °C ovvero 0K, il terzo principio afferma che esso non è raggiungibile in un numero finito di operazioni, ossia in un tempo finito. Come dire che non è materialmente raggiungibile in alcun modo, per quanti sforzi di raffreddamento si facciano. In effetti sono state raggiunte in pratica temperature di qualche miliardesimo di grado superiori allo zero assoluto, ma per adesso non meno. Almeno in teoria, allo zero assoluto le molecole dovrebbero essere completamente ferme, se questo fosse permesso dalla fisica quantistica.

Se il sistema isolato è l'intero universo, i due principi della termodinamica presi insieme sanciscono che nell'universo l'energia totale resta costante e l'entropia cresce sempre. È opportuno quindi ipotizzare che all'inizio l'entropia dell'universo fosse molto bassa, per esempio perché la temperatura era altissima. Una maniera semplice perché l'entropia dell'universo possa aumentare in continuazione è che quello si raffreddi via via di più. In effetti è proprio ciò che è successo fino adesso: attualmente la temperatura della maggior parte dello spazio siderale è piuttosto bassa: 2,728K, che è poi la temperatura della radiazione cosmica di fondo, ovvero ciò che è restato dell'orizzonte di universo che data dal momento del Big Bang, l'evento che crediamo abbia originato l'universo stesso. Notiamo come l'osservazione sistematica di questa radiazione di fondo ci stia fornendo informazioni preziosissime per tutta la fisica di ieri e di oggi.

Probabilmente col tempo lo spazio si raffredderà ancora, anche se ospita stelle e formazioni stellari localmente caldissime. Questo processo, forse irreversibile, ricevette nel secolo scorso un nome che suona funesto, quello di morte termica dell'universo. Il termine sta a indicare la fine, per quanto remota, dell'universo, «spento» del tutto dal raffreddamento progressivo. La temperatura bassissima impedirebbe qualsiasi evento e cambiamento e tutto sarebbe desolazione e morte. Oggi non s'insiste più molto su tale previsione, ma le prospettive non paiono diverse. Ciò comunque dovrebbe accadere quando la nostra Terra sarà già stata inghiottita dal Sole nella sua esplosione da canto del cigno...

Facendo un piccolo passo indietro, non è facile farsi un'idea di che cosa sia esattamente l'entropia, uno dei concetti più ostici che la storia della scienza ci abbia lasciato in eredità. Quando due masse di gas diversi si mischiano si ha un incremento di entropia, e sarà poi molto difficile, diciamo così, separarli di nuovo. Un altro esempio può essere dato da una goccia d'inchiostro lasciata cadere in un bicchiere d'acqua. Vi si diluirà e non sarà più possibile recuperarne le molecole: l'entropia del sistema è aumentata. Un cubetto di ghiaccio immerso in un bicchiere d'acqua si scioglierà velocemente e dopo qualche minuto non ce ne sarà più traccia. Chi potrebbe dire quali sono le molecole d'acqua che facevano parte del cubetto e quali quelle che costituivano il liquido presente all'inizio nel bicchiere? Altri esempi sono il passaggio di calore da un corpo caldo a uno freddo e alcuni cambiamenti di stato della materia. Da ultimo un esempio banale: l'ordine nei cassetti di un armadio non può che degenerare. Se non si mette periodicamente a posto, aumenteranno inevitabilmente giorno dopo giorno disordine ed entropia. In verità qualsiasi manufatto, da un castello di sabbia innalzato in riva al mare a una statua in un parco, non può che deteriorarsi se non lo si restaura con regolarità.

Si tratta di processi irreversibili, che vanno in una direzione, cioè avanti, ma non possono tornare indietro. Il secondo principio della termodinamica e l'aumento di entropia fissano una fondamentale asimmetria nei processi di natura: quelli reversibili, praticamente nessuno, e quelli irreversibili. Il punto interessante è che l'irreversibilità è sempre nella direzione del tempo che avanza: dal passato al presente, e mai viceversa. Una possibile interpretazione è quella in base alla quale è il tempo a scorrere irreversibilmente. Il suo statuto di dimensione avvicina il tempo a una delle tre dimensioni dello spazio, in quanto è vuoto, inerte e uniforme. Però «scorre». Ciascuna delle tre dimensioni spaziali può essere percorsa in entrambe le direzioni, mentre per il tempo ciò non è possibile. Si può andare avanti, ma non indietro. Si può procedere verso il futuro, ma non verso il passato, e a pensarci bene neppure restare fermi nel presente.

In realtà le leggi della meccanica non privilegiano nessuna direzione del tempo: sono invarianti, si suole dire, per un'inversione della dimensione temporale. Non c'è niente che impedisca di mettere sullo stesso piano ciò che succederà fra due ore e ciò che è successo due ore fa. Ma a noi questo gioco non riesce: possiamo procedere verso gli avvenimenti che accadranno fra due ore, ma non verso quelli successi due ore fa e, viceversa, sappiamo che cosa è accaduto due ore fa, ma non ciò che avverrà fra due ore. Come si spiega questa asimmetria? Come si può conciliare il fatto che le leggi della meccanica, e più in generale della fisica, non dipendano dalla direzione del tempo con l'osservazione quotidiana dell'irreversibilità dello stesso? Insomma, le leggi fisiche sono reversibili ma gli eventi no. Perché?

# L'irreversibilità del tempo

Pochi interrogativi hanno impegnato più di questo le menti dei fisici e dei filosofi della scienza, e tutto sommato una vera soluzione non è stata ancora trovata. Se consideriamo la traiettoria di un corpo isolato che si muove in un grande spazio vuoto, non c'è niente che possa distinguere la sua evoluzione futura da quella passata, ma questo è un caso che non ha alcun rapporto con la realtà. Se osserviamo un esempio concreto come quello di un complesso di molte particelle in un contenitore, le cose cambiano.

Prendiamo in esame l'espansione di un gas, uno degli esempi più chiari dell'irreversibilità dei processi. Immaginiamo una scatola contenente una sola molecola di gas e mettiamola in comunicazione con un'altra scatola vuota delle stesse dimensioni. Nella sua continua agitazione la molecola starà più o meno metà del suo tempo nella prima scatola e l'altra metà nella seconda. Se le molecole di partenza sono due, queste staranno un po' di tempo entrambe nella prima scatola, un po' di tempo entrambe nella seconda, e più spesso una da una parte e una dall'altra. Se le molecole di partenza sono cinque, il tempo che trascorreranno tutte e cinque nella stessa scatola, per esempio quella iniziale, è solo 1/30 di quello totale. Per la maggior parte del tempo staranno alcune in una scatola, alcune in un'altra. Nel caso di dieci molecole la probabilità di trovarle tutte nella prima scatola è inferiore a 1 su 1000. Considerando trenta molecole la probabilità di trovarle tutte nella prima scatola di partenza è 1 su un miliardo. Nel caso di cento molecole la probabilità di incontrarle tutte nella scatola di partenza è 1 su $10^{30}$, mille miliardi di miliardi di miliardi, praticamente zero. In questo caso l'aver messo in comunicazione le due scatole costituisce di fatto un processo irreversibile. Prima il gas era tutto in una scatola; dopo si è espanso per occupare la totalità dello spazio disponibile ed è praticamente impossibile farlo tornare nella scatola di partenza spontaneamente, cioè senza impiegare energia. Non è irrealizzabile, sia ben chiaro, ma estremamente improbabile.

Figuriamoci cosa succede se le molecole sono miliardi e miliardi! Allora indietro proprio non si torna. Una volta espanso, il gas non tornerà di certo più indietro. È noto a tutti, infatti, che i gas si espandono spontaneamente e non procedono mai nell'altra direzione: non si è mai visto un gas che occupa un dato spazio comprimersi spontaneamente per ritirarsi in una sua parte. Ogni singola molecola segue una legge di moto che è simmetrica rispetto al tempo, ma il complesso delle varie molecole si comporta in maniera irreversibile. Si espande spontaneamente, mentre spontaneamente non si contrarrà mai. Si tratta cioè di un processo irreversibile, come irreversibile è il passaggio del calore da un corpo caldo a uno più freddo. Non si è mai visto che accostando le mani fredde a una pentola d'acqua, le mani divengano più fredde e l'acqua si scaldi.

Con una serie di ragionamenti probabilistici simili a quello che abbiamo appena delineato, nella seconda metà dell'Ottocento Ludwig Boltzmann propose che l'irreversibilità nascesse dal comportamento delle molecole nel loro complesso. Ed è inutile dire che tutti gli oggetti con i quali abbiamo a che fare quotidianamente sono composti da un grandissimo numero di molecole.

La logica delle sue argomentazioni è semplice. Vediamo.

Non è impossibile calcolare, almeno in linea di principio, il comportamento di una singola molecola. Le leggi della fisica permettono, magari con l'aiuto di potentissimi strumenti di calcolo, di prevederne la traiettoria. Quando si passa a due, tre o quattro molecole, il calcolo comincia a divenire molto difficile e si presenta come praticamente impossibile per un alto numero di molecole, anche in condizioni particolarmente favorevoli. Ha molto più senso quindi studiare le molecole nel loro complesso, affidandosi a considerazioni probabilistiche o, se preferite, statistiche, del tipo: qual è la probabilità che un certo gruppo di molecole si trovi nella tale regione e si muova con la tale velocità nella tale direzione?

Lo stato del gas all'interno di un recipiente, come di qualsiasi altra entità materiale estesa, può essere definito attraverso un certo numero di parametri macroscopici quali la temperatura, la pressione, la densità e così via. Queste sono le grandezze che osserviamo direttamente mediante adeguati strumenti di misura, anche se sappiamo che sono riconducibili, almeno in linea di principio, allo stato delle singole molecole. Boltzmann introdusse a questo proposito la doppia partita concettuale dei macrostati e dei microstati. Il macrostato di un sistema è definito istante per istante dai suoi parametri macroscopici come temperatura e pressione. Un microstato invece è la descrizione (teorica) delle proprietà individuali di tutte le singole molecole in un particolare istante. È impossibile da conoscere in dettaglio, ma lo si può immaginare con gli occhi della mente. A ogni microstato corrisponde uno e un solo macrostato di quel sistema. Ma non è vero il contrario. Un dato macrostato può essere, infatti, determinato da più di un microstato; anzi, in genere da un altissimo numero di microstati. Questi ultimi non possono essere conosciuti uno per uno, ma possono venire contati. Ad alcuni macrostati corrispondono pochi microstati, ad altri ne corrispondono moltissimi. La conclusione del ragionamento proposto da Boltzmann è che un macrostato del sistema è tanto più stabile quanto è più probabile, cioè corrispondente a un più alto numero di microstati. Ogni sistema evolverà spontaneamente verso il macrostato al quale corrispondono più microstati e ben difficilmente procederà spontaneamente nell'altra direzione. L'irreversibilità nasce allora dalla tendenza di ogni sistema ad assumere lo stato più stabile, corrispondente cioè al più alto numero di microstati.

Per riprendere il nostro esempio elementare, al macrostato «tutte e dieci le molecole da una parte» corrisponde un solo microstato possibile, cioè proprio quello relativo a tutte le molecole da una parte; mentre al macrostato «cinque molecole da una parte e cinque dall'altra» corrispondono moltissimi microstati, circa 250, perché a sinistra ci possono stare le molecole numero 1, 2, 3, 4 e 5, oppure le molecole numero 1, 2, 3, 4 e 6, oppure le molecole 1, 2, 3, 4 e 7, oppure le molecole 1, 2, 3, 4, e 8 e così via. Lo stato «tutte le molecole da una parte» è il più improbabile, mentre quello «cinque molecole da una parte e cinque dall'altra» è il più probabile, immediatamente seguito da quello «sei molecole da una parte e quattro dall'altra» e così via. Lasciato a se stesso, il sistema evolverà spontaneamente verso lo stato «cinque e cinque», anche se gli altri non sono proibiti. Se il numero delle molecole cresce, non ci sarà proprio nessuna possibilità che il sistema si trovi nello stato «tutte da una parte». Tradotto nel linguaggio quotidiano: se un gas può occupare un volume maggiore, cioè espandersi, lo farà, e non si sognerà nemmeno di contrarsi e ridursi in uno spazio più limitato, a meno che non vi sia costretto con la forza.

Grandi scienziati come James Clerk Maxwell e lo stesso Boltzmann riuscirono nella seconda metà dell'Ottocento a gettare un ponte fra la termodinamica dei corpi estesi e la meccanica statistica delle molecole che li compongono, erigendo un edificio concettuale di grande rigore e d'incomparabile fascino. Boltzmann propose di definire l'entropia di un sistema in funzione del numero dei microstati che lo determinano. Per la precisione, è definita come un multiplo del loro logaritmo. Questa formula famosissima, che fu poi scolpita sulla sua tomba, collega l'aumento spontaneo di entropia di un sistema con la scelta da parte dello stesso di un macrostato al quale corrisponde il maggior numero possibile di microstati, come abbiamo detto sopra. Insomma, pochi microstati implicano molto ordine e poca entropia, mentre a moltissimi microstati corrisponde uno stato di grande disordine e alta entropia.

Verso la metà del XX secolo fu compiuto un altro passo verso l'approfondimento e l'arricchimento del concetto di entropia, grazie alla teoria dell'informazione, sviluppata in pochi anni essenzialmente da Claude Shannon per dare una base scientifica alla scienza delle telecomunicazioni. Da quel momento l'informazione è divenuta una grandezza fisica, con la sua definizione formale e la sua unità di misura. Tale fondamentale concetto ha stentato però a penetrare nella nostra cultura di tutti i giorni, anche se la nostra vita è divenuta sempre più pervasa da oggetti che, dai computer ai telefonini, dalle radioline ai televisori, rappresentano concrete incarnazioni del concetto stesso di informazione e della sua trasmissione. L'informazione, indicata spesso come *I*, è quello che si guadagna se qualcuno risponde a una domanda. Più incerta è, a priori, la risposta, più informazione guadagno, mentre se la risposta è scontata non guadagno alcuna informazione.

L'informazione si misura in bit, contratto da *binary digit*, cifra binaria, o nel suo multiplo, il byte, B, uguale a 8 bit. Chi è che oggi non parla con disinvoltura di memoria o capacità di codificazione di chilobyte, KB, megabyte, MB, gigabyte, GB o addirittura di terabyte, TB, pari a mille miliardi di byte? La risposta a una domanda che ha la stessa probabilità di essere in un modo o in un altro, per esempio testa o croce nel lancio di una moneta, contiene e trasmette un bit di informazione. L'informazione implicata in tutte le altre situazioni si può quantificare di conseguenza. Fin dall'inizio l'idea di informazione apparve strettamente imparentata con concetti fisici preesistenti. Non fu difficile infatti dimostrare, per esempio, che un guadagno di informazione equivale a una diminuzione di entropia, mentre la perdita di informazione corrisponde a un aumento di entropia.

Apriamo una breve parentesi che può meglio illuminare il rapporto fra entropia e informazione. Dopo avere studiato in maniera superba i dettagli del meccanismo microscopico che sta sotto al secondo principio della termodinamica, Maxwell si fece da solo una celebre obiezione, invocando uno spiritello molto bene informato che è passato alla storia come «il diavoletto di Maxwell». Supponiamo di avere del gas in un recipiente che ha un divisorio fra due diversi scomparti e che sia dotato di una microscopica porticina. Si può immaginare adesso un diavoletto che osservi quale tipo di molecola si avvicina alla porticina; se la molecola è molto veloce la lascia, diciamo nello scompartimento di destra, mentre se ha una bassa velocità la fa entrare nello scompartimento di sinistra. Dopo un po' lo scompartimento di sinistra sarà pieno di molecole relativamente lente, mentre quello di destra di molecole relativamente veloci. Si è originato così un mezzo miracolo: la temperatura del gas di sinistra è più bassa di quello di destra, in palese violazione del secondo principio che porterebbe al mescolamento dei due gas, non alla loro separazione.

Con le sue parole: «... se concepiamo un essere con una vista così acuta da poter seguire ogni molecola nel suo movimento, tale essere, i cui attributi sono essenzialmente finiti quanto i nostri, potrebbe fare ciò che è impossibile per noi». Una bella obiezione davvero, che fece pensare molti studiosi di termodinamica e di meccanica statistica. Ma nella seconda metà del secolo scorso il diavoletto è stato per così dire «esorcizzato» proprio grazie all'informazione e alla sua relazione con l'entropia. Il concetto guida è quello che per niente non si ha niente. Per poter agire in maniera appropriata il diavoletto ha bisogno di informazione, cioè di conoscere quale molecola è veloce e quale è lenta, e il costo di tale informazione non è zero. Per ottenerla il nostro diavoletto deve utilizzare qualcosa, per esempio un microscopico raggio di luce, e così facendo crea entropia, giusto l'entropia che la chiusura o apertura della porticina potrebbe riuscire a risparmiare. Un bit d'informazione può essere conquistato solo a costo di un'equivalente aumento di entropia. Insomma il diavoletto non potrebbe funzionare, nemmeno in teoria, e gli esperimenti eseguiti a questo scopo hanno confermato tale impossibilità. Il secondo principio è salvo anche dall'assalto intellettuale di Maxwell in persona. Chiusa parentesi.

Come conseguenza del secondo principio della termodinamica si ha che in un sistema chiuso ci sarà un inevitabile incremento spontaneo di entropia e una perdita altrettanto spontanea di ordine e di informazione. È ovvio che la trasmissione di un messaggio non lo renderà in nessun modo più chiaro e definito; nella maggior parte dei casi diverrà al contrario più confuso e disturbato. Si avrà cioè una perdita di informazione. Lasciato a se stesso un sistema di trasmissione di segnali di qualsiasi tipo non potrà che causare una perdita di informazione, come si può verificare in un gran numero di esempi, dal gioco di società detto «telefono senza fili» alle trasmissioni radiofoniche e televisive, dalla copiatura dei manoscritti da parte degli amanuensi medievali alle distorsioni e al progressivo deterioramento di una registrazione discografica.

Consideriamo adesso gli esseri viventi. La nascita di un organismo a partire da uno simile, la sua crescita, la sua capacità di mantenere un'organizzazione anatomica e funzionale per mesi e anni e di modificare il mondo circostante in maniera opportuna sembrano tutti esempi di fenomeni che violano il principio dell'aumento spontaneo di entropia e della perdita spontanea di ordine e di organizzazione. Naturalmente non è così. Basta un attimo di riflessione per rendersene conto, anche se c'è gente così affezionata all'idea che la vita possieda qualcosa di speciale e segua leggi proprie che non fa neppure lo sforzo di seguire una tale argomentazione.

Prendiamo un esempio semplicissimo. In un brodo di coltura c'è un batterio che si riproduce. Prima c'era una cellula batterica; dopo ce ne sono due, poi quattro, poi otto e così via. Sembra che ci sia stato un aumento dell'ordine, cioè dell'organizzazione, con una diminuzione netta di entropia. Bisogna ricordarsi però che è in un sistema chiuso che l'entropia deve sempre crescere. Il batterio non è un sistema chiuso. Senza l'utilizzazione di opportune sostanze chimiche che si trovano nel liquido di coltura non potrebbe né vivere né replicarsi. Se consideriamo come sistema chiuso il recipiente che contiene il batterio e il liquido di coltura, si può vedere facilmente che la sua entropia è in realtà aumentata. Il guadagno di organizzazione rappresentato dalla comparsa di nuovi batteri è più che ripagato dall'aumento di disordine causato dal processo in questione nel mezzo circostante. Osservando solo i batteri si ha l'impressione di un guadagno spontaneo di organizzazione, ma se prendiamo in esame l'intero recipiente, contenente i batteri e il liquido di coltura, si rileva una perdita netta, corrispondente al solito inevitabile aumento di entropia.

Un analogo ragionamento vale per qualsiasi fenomeno vivente. Il germinare di un seme, la crescita di una pianta o di un animale, l'espansione di una popolazione sono altrettanti esempi di aumento di organizzazione, che è più che compensato dalla degradazione dell'organizzazione dell'ambiente circostante. In realtà gli esseri viventi contribuiscono moltissimo all'incremento di entropia del pianeta Terra e dello spazio circostante. Un osservatore che si trovasse al di fuori del sistema solare noterebbe infatti che il nostro pianeta riceve quotidianamente una grande quantità di energia dal Sole sotto forma di luce, che è una forma di energia di bassa entropia, e ne riemette una parte come radiazioni termiche che sono una forma di energia di maggior entropia. Il sistema Terra-Sole contribuisce quindi sensibilmente all'aumento quotidiano dell'entropia dell'universo.

Non tutto l'incremento di entropia che si registra in tale sistema è da imputare alla presenza della vita sul nostro pianeta, ma una parte sì. Costruire e mantenere in vita microrganismi, piante e animali, con tutta l'organizzazione e la quantità di informazione che questo comporta, richiede una notevole diminuzione locale di entropia, che deve però essere ampiamente compensata. Gli organismi viventi possono sussistere e crescere solo degradando una certa quantità di energia. Si usa dire normalmente che gli esseri viventi consumano energia, come le macchine. Quest'affermazione è accettabile in una comunicazione «semplificatrice», ma non è corretta. Abbiamo visto che l'energia si conserva e perciò non può essere consumata. Può solo essere trasformata da una forma a un'altra. Può passare per esempio da energia chimica, come quella contenuta nel cibo che mangiamo o nel carburante di un'auto, a energia meccanica, necessaria a noi per vivere e compiere azioni e alla macchina per muoversi. E in questo modo si degrada, passa cioè da una forma associata a una bassa entropia a un'altra associata a un'entropia maggiore.

In natura esiste infatti energia di alta qualità, associata a una bassa entropia, ed energia di bassa qualità, associata a una maggior entropia. Ogni macchina, organica o inorganica, compie le sue funzioni prendendo dall'ambiente circostante una certa quantità d'energia di buona qualità e restituendogliene altrettanta, ma di qualità inferiore. I motori delle automobili utilizzano l'energia della benzina, del gasolio o di una batteria elettrica e la trasformano in movimento, in gas di scarico e una parte viene rilasciata come calore, una forma di energia di bassa qualità. Il nostro corpo sfrutta l'energia contenuta nel cibo e la trasforma in energia organica, in escrementi e in calore.

Fra le varie forme di energia esistenti sulla Terra, quella di qualità più alta è rappresentata dalle radiazioni provenienti dal Sole. L'energia solare possiede una qualità eccezionale ed è perciò alla base di tutte, o quasi, le azioni compiute sul nostro pianeta, tanto dagli esseri viventi quanto da macchine inanimate. Un gradino più sotto sta l'energia imprigionata in alcuni composti chimici, per esempio in ciò che noi chiamiamo cibo, nel petrolio o nell'alcol. Un gradino ancora più sotto si trovano gli escrementi degli animali, che possono però rappresentare ancora una preziosa fonte di energia per altri organismi. Alla fine della scala stanno i rifiuti organici inutilizzabili da soli da qualsiasi organismo, vale a dire acqua, anidride carbonica e calore.

Esiste sul nostro pianeta una grande catena alimentare che tiene in vita i vari organismi. All'origine si trovano le piante e le alghe verdi, che sono capaci di impiegare l'energia solare per produrre alcune sostanze organiche fondamentali, a partire dall'anidride carbonica presente nell'atmosfera. Le piante sono in grado cioè di approvvigionarsi direttamente dalla sorgente di energia di più alta qualità presente sulla Terra. Gli animali non possono compiere questa funzione e dipendono in ultima istanza dall'attività fotosintetica delle piante. Esistono animali che si nutrono esclusivamente di vegetali e utilizzano i prodotti organici primari presenti nelle piante, che rappresentano la forma di energia biologica di qualità più alta dopo la radiazione solare. Su questa base edificano il proprio corpo che costituirà quasi certamente il nutrimento di altri animali, i quali a loro volta diventeranno probabilmente cibo per altri animali ancora.

Ogni anello di questa catena si nutre di un cibo che contiene un'energia di un certo livello e restituisce al mondo circostante una serie di composti organici che contengono un'energia di rango più basso, associata cioè a una maggior entropia e a una minore quantità d'informazione. Gli esseri viventi si nutrono in sostanza dell'informazione associata all'energia che utilizzano, perciò sono stati definiti «informivori». Lasciano infatti intatta la quantità dell'energia, ma la degradano, cioè la spogliano di un'aliquota dell'informazione che porta. È opportuno notare a questo punto che l'informazione che gli esseri viventi incamerano nutrendosi non è di per sé sufficiente a farli vivere e a mantenere la loro organizzazione interna. O, per meglio dire, basta giusto a conservare il grande patrimonio di informazione biologica in essi contenuto. Questo patrimonio è rappresentato dal genoma, l'insieme delle istruzioni biologiche presenti in ogni individuo, anzi in ciascuna cellula di ciascun individuo. Nella gestione quotidiana del flusso di materia, di energia e di informazione che lo interessa, un essere vivente è guidato passo passo dalle istruzioni contenute nel proprio genoma.

Il secondo principio della termodinamica, con la sua pesante tassazione in termini di irreversibilità dei processi, non ammette eccezioni. Malgrado non sia la legge fisica di più immediata comprensione, non si è mai trovata una situazione in cui non sia stata rispettata ed è anche passata indenne attraverso gli scossoni della fisica del Novecento, che ha visto per esempio la violazione parziale del primo principio: in certe particolari condizioni infatti l'energia può scomparire, a patto di trasformarsi in una specifica quantità di materia, o può comparire, se c'è una corrispondente perdita di massa. Il secondo principio invece no; non ammette eccezioni, almeno fino a questo momento.

Quella di Boltzmann è ancora oggi la soluzione più brillante e convincente del paradosso dell'irreversibilità dei processi reali a fronte della reversibilità delle leggi che li disciplinano. È interessante notare che in questa ottica il tempo sembra essere una proprietà emergente della materia, comparsa nell'universo fisico solo nel momento in cui per la prima volta si sono venuti a formare aggregati macroscopici di molecole o di atomi, e strettamente legata alla loro esistenza. Se questa osservazione viene presa alla lettera, il tempo che ha preceduto questo istante non può essere considerato che un «prolungamento metafisico» del tempo quale lo conosciamo oggi. I primi istanti dell'universo sarebbero perciò da ritenersi «fuori dal tempo», come fuori dal tempo è certamente tutto ciò che ha «preceduto» il Big Bang. Resterebbe inoltre il problema di comprendere in quale tempo sarebbe emersa la proprietà da noi chiamata tempo.

Nonostante il suo indubbio successo, la soluzione di Boltzmann non è stata risparmiata negli anni da rilievi critici di vario tipo, dai più tecnici ai più sostanziali. Non è il caso di soffermarci sui primi, ma vogliamo almeno accennare a un'argomentazione avanzata dal grande matematico francese Henri Poincaré. Egli fece rilevare che nel quadro della fisica classica la probabilità che un sistema chiuso, anche semplice come il nostro gas in un contenitore, ritorni spontaneamente allo stato di partenza è bassissima, ma non è nulla e si può calcolare. Quindi in linea di principio proprio l'esempio addotto da Boltzmann potrebbe smentire le sue conclusioni. Il tempo medio necessario perché un sistema di questo tipo ritorni alla condizione di partenza, detto tempo di Poincaré, è però enorme. Per 50 molecole è più di 100.000 anni, e bastano un centinaio di molecole perché divenga più lungo di quella che si ritiene possa essere l'età dell'universo, cioè $10^{17}$ (un 1 seguito da 17 zeri) secondi, pari a circa 13-14 miliardi di anni. Se parliamo di un vero gas non basta tutto il tempo del mondo per farlo ritornare alle condizioni di partenza. Per un sistema lontano dal suo stato di equilibrio, insomma, la sua evoluzione verso tale stato pare proprio inevitabile.

Non tutti i sistemi si trovano però lontani da uno stato d'equilibrio. Molti al contrario vi sono vicini o vicinissimi. Come si spiega allora che anche questi evolvano comunque in una sola determinata direzione? Questa è un'obiezione più seria e più difficile da controbattere. Per il momento è sufficiente notare che la maggior parte dei fenomeni che noi prendiamo come chiari esempi di irreversibilità riguarda sistemi molto particolari, che sono il risultato di azioni preordinate e compiute da un essere vivente. Un gas contenuto in un serbatoio successivamente aperto, un cubetto di ghiaccio in un bicchiere d'acqua, un castello di sabbia, un accampamento anche primordiale, la preparazione di una reazione chimica, per non parlare dell'invio di un messaggio, costituiscono altrettanti esempi di sistemi tutt'altro che «naturali», che mai o quasi mai potrebbero presentarsi spontaneamente. Si tratta invece di sistemi cosiddetti «preparati», cioè approntati volontariamente da qualche agente più o meno consapevole.

Questa constatazione non inficia la validità del principio generale dell'aumento di entropia, ma ne chiarisce un paio di aspetti. In primo luogo, noi esseri umani siamo condotti a vedere quotidianamente gli effetti dell'irreversibilità, molto più di quanto succederebbe se non «preparassimo» in continuazione i vari sistemi della nostra vita, producendo cubetti di ghiaccio, facendo bollire pentole di acqua, «organizzando» a nostro uso e consumo le cose del mondo intorno a noi e costruendo manufatti di ogni tipo. Lo si può molto facilmente verificare facendo scorrere all'indietro un filmato delle situazioni quotidiane più ordinarie. Ciò non significa che senza le nostre attività non ci sarebbero processi irreversibili – i quali hanno luogo ogni giorno in tutte le regioni dell'universo – ma significa semplicemente che noi abbiamo più opportunità di vedere all'opera l'irreversibilità. E sempre più ne avremo, anche se dobbiamo riflettere per cogliere tutta la particolarità della nostra posizione. In secondo luogo, l'osservazione in questione chiarisce al meglio il significato profondo di parole come «essere vivente» e «azione intenzionale». Ogni organismo in generale e l'essere umano in particolare sono sistemi altamente organizzati che a loro volta organizzano incessantemente l'ambiente in cui vivono. Si tengono quindi, e tengono il loro mondo, in uno stato piuttosto lontano da quello d'equilibrio.

Anche se usciamo dai sistemi preparati e consideriamo

le cose del mondo nel loro complesso, resta il problema di riconciliare le osservazioni dirette con il fatto che le leggi fisiche sono insensibili alla direzione del tempo. Sembrerebbe logico infatti che oltre alle previsioni e alle predizioni fosse possibile fare delle «retrodizioni». Se prendiamo in esame per esempio un sistema che si trova in una condizione lontana dall'equilibrio, noi prevediamo che con il trascorrere del tempo vi si avvicinerà, ma potremmo pensare che ciò valga anche per il passato e affermare che procedendo a ritroso troveremmo quel sistema sempre più vicino a uno stato di equilibrio. Perché no, se le leggi della fisica non distinguono il passato dal futuro? Ma questo non succede mai, come non accade mai che un'onda, meccanica o elettromagnetica, venga ricevuta prima di essere emessa, anche se è possibile individuare un sistema di equazioni che descrivano la contrazione di un'onda verso la sua fonte invece della sua espansione a partire da essa. Si può descrivere infatti matematicamente la configurazione di un'onda tre secondi dopo l'ora X, ma anche tre secondi prima. Per noi non ha senso però rappresentare come un'onda potrebbe presentarsi tre secondi prima di essere emessa, quasi che si originasse nelle remote profondità dello spazio e da esse convergesse, procedendo a ritroso verso la sua sorgente.

Sembra che sia necessaria insomma, come abbiamo visto, un'ipotesi aggiuntiva, che qualcuno ha chiamato «ipotesi sul passato»: il mondo nel suo complesso viene da una condizione di entropia relativamente bassa e comunque enormemente più bassa dell'attuale. Non è chiaro se questa ipotesi sia assolutamente necessaria, ma certo non è in contrasto con quello che oggi pensiamo di sapere sull'origine e sull'evoluzione dell'universo. Come vedremo tra poco, questo si va continuamente espandendo e si ritiene che sia nato una quindicina di miliardi di anni fa da una gigantesca esplosione, incredibilmente localizzata, che prende il nome semiserio di Big Bang. Questi fatti introducono un'asimmetria reale tra passato e futuro e forniscono all'idea della freccia del tempo una base concreta ed estremamente significativa. Un'onda, per esempio, può estendersi, almeno in linea di principio, fino ai confini estremi dell'universo che si va espandendo. È più difficile in questa circostanza immaginare un'onda che si origina a vertiginose distanze in un orizzonte cosmico che si sta allontanando, per convergere verso un punto determinato del nostro mondo.

Se adottiamo questa ipotesi, il passato non è più simmetrico rispetto al futuro e molte cose si sistemano, almeno per ciò che concerne l'approccio concettuale. Anche un sistema chiuso appartenente alla nostra vita di tutti i giorni risente della tendenza generale dell'universo, perché a ben pensarci nessun sistema si presenta completamente chiuso. C'è sempre un minimo di «perdita» del sistema verso l'esterno e questa interazione obbligata, per quanto debole, con il mondo esterno potrebbe essere sufficiente ad assicurarne l'irreversibilità. Insomma, tutto il problema sarebbe riconducibile all'espansione dell'universo. Alcuni ritengono che questa sia l'unica soluzione possibile del paradosso della freccia del tempo, mentre altri non sono convinti che sia proprio necessario ricorrere a questa ipotesi, ma non hanno da proporre una soluzione alternativa che incontri l'approvazione generale.

Dobbiamo anche considerare che se le cose non stessero così, se ci fosse cioè simmetria fra il passato e il futuro, oppure se la freccia del tempo talvolta esitasse oppure oscillasse, noi non potremmo avere memoria delle cose passate e quindi nemmeno conoscenza. Sembra esserci quindi una sorta di principio antropico per la conoscenza: non sarebbe stato possibile sapere niente del mondo se questo non fosse partito in condizioni di bassa entropia, e quindi il tempo non scorresse in un unico senso e non ci fosse una distinzione univoca fra passato e presente, fra gli eventi e il loro ricordo, fra le cause e gli effetti, fra predizione, attesa e verifica. «Non è davvero un gran che» nota a questo proposito Alice «una memoria che sa andare solo all'indietro.»

In cosmologia è stato invocato da qualche anno un principio antropico di validità generale, secondo il quale l'esistenza dell'uomo sulla Terra pone dei precisi vincoli alla struttura e alla storia dell'universo. Di tutte le forme che la storia dell'universo avrebbe potuto assumere, soltanto alcune sono compatibili con l'esistenza di una forma di vita intelligente. Il fatto che noi esistiamo veramente impone quindi delle restrizioni sui possibili tipi di universo e sulle loro possibili storie, condizionando, per esempio, il valore di alcune costanti universali. Analogamente, il principio che abbiamo appena invocato per la conoscenza fissa delle restrizioni sulla natura della freccia del tempo.

Questo è più o meno quello che la fisica classica può dirci sulla irreversibilità del tempo e degli avvenimenti. Ma che cosa hanno da proporci su un tale problema le due grandi teorie che hanno rivoluzionato la fisica nella prima metà del Novecento, cioè la teoria della relatività e la teoria dei quanti? Queste sembrano in realtà offrire due soluzioni opposte. Da una parte, la relatività pare comportare la negazione della singolarità del tempo e del suo stesso scorrere; dall'altra, la fisica dei quanti implica un'esaltazione della sua apertura verso il futuro e dell'imprevedibilità di molti suoi esiti. Ma di questo parleremo più avanti.

# Ancora calore e temperatura

Torniamo al tema del calore e della temperatura. Abbiamo detto le cose più importanti, ma c'è dell'altro che vale la pena di ricordare, per esempio i cambiamenti di stato di aggregazione o transizioni di fase. Riscaldando una certa quantità d'acqua ne osservo, abbiamo detto, un continuo aumento di temperatura. Fino a un determinato punto, dopo il quale la temperatura non cresce più, e a poco a poco l'acqua si trasforma in vapore. Si dice che si ha un cambiamento di stato. Che fine fa l'energia che si cede all'acqua sotto forma di calore e che sembra quasi sparire, tanto è vero che si parla di calore latente, per esempio di evaporazione? Serve a fare un lavoro molecolare, liberando le molecole di acqua dalla posizione alla quale le obbligano la coesione o più in generale le forze intermolecolari. Fino a quando tutte le molecole sono evaporate. Le molecole gassose si distaccano dalla superficie del liquido, ma in opportune condizioni si ha il fenomeno ben noto dell'ebollizione. In questo caso le molecole libere si formano in ogni parte della massa del liquido originando bolle (da cui il nome ebollizione) che salgono precipitosamente alla superficie. In modo analogo si può scaldare del ghiaccio, fino a che non si scalda più e comincia a liquefarsi. Anche in questa circostanza viene compiuto un lavoro molecolare, per mobilizzare le molecole d'acqua «imprigionate» nel corpo del ghiaccio. A volte si può passare direttamente dallo stato solido al gassoso, senza attraversare quello liquido. Il fenomeno prende il nome di sublimazione ed esiste, ovviamente, un corrispondente calore latente di sublimazione.

In ciascuno di questi tre passaggi si ha un aumento netto di entropia del sistema. Esso è dato dal rapporto tra il calore latente e la temperatura a cui la transizione avviene. Si tratta in questi casi di un incremento di entropia per così dire allo stato puro, coincidente con un lavoro microscopico di disorganizzazione degli assetti molecolari della materia. Il calore è passato da un ruolo di «agitatore» dei moti molecolari a quello di frantumatore di legami, sempre nell'agitazione continua. Qui si capisce meglio che in ogni altra circostanza che cosa voglia dire perdere la capacità di compiere lavoro macroscopico. Più ci si inerpica sulla montagna della disorganizzazione delle molecole a livello microscopico, più ci si allontana dalla disponibilità a compiere lavoro macroscopico o, detto altrimenti, più si degrada la disposizione stessa dell'energia.

Calore ed entropia possono essere trattati formalmente di pari passo tramite l'uso di una sola funzione, la cosiddetta energia libera, prodotto della sintesi dei due principi della termodinamica. Questa nuova funzione consta di almeno due termini, uno che gestisce gli effetti del calore e del lavoro e l'altro che gestisce le vicissitudini dell'entropia del sistema. Le sue variazioni riflettono il bilancio complessivo di entrambe le componenti, distinte in verità solo nella nostra mente, e non certo nella realtà, che comunque possono essere anche computate separatamente, come abbiamo fatto fino adesso. Il risultato è, come dice il nome, che questa funzione misura l'energia spendibile, quella veramente libera appunto, che può essere integralmente utilizzata per compiere lavoro macroscopico. La fisica avanzata e la chimica fanno grande uso di questa funzione che, quasi per definizione, nella maggior parte delle trasformazioni non può che diminuire. In questa affermazione possono essere teoricamente riassunti i due maggiori principi della termodinamica. È opportuno sottolineare che una delle caratteristiche salienti degli esseri viventi è proprio l'amministrazione parsimoniosa e oculata dell'energia libera del loro corpo. Senza questa cautela non può esistere essere vivente che, ricordiamolo, è capace di mantenere, se non di creare, ordine in un mondo che di per sé andrebbe diritto verso un disordine sempre maggiore.

La temperatura non è l'unico parametro significativo; conta, ovviamente, anche la pressione alla quale tutto questo avviene. Così che tali processi possono essere utilmente rappresentati in un diagramma pressione-temperatura. In effetti il concetto stesso di energia libera può essere arricchito e completato con altre formulazioni più avanzate, prima fra tutte la funzione di Gibbs, simboleggiata come G, introducendovi altre variabili come la pressione, il volume e la concentrazione (molarità) dei vari componenti. L'energia libera di Gibbs, o semplicemente la funzione di Gibbs, prende il nome dal grande fisico e chimico americano Josiah Willard Gibbs che nella seconda parte dell'Ottocento portò un tardivo ma validissimo contributo alla termodinamica. Il risultato netto di tutto ciò è che in ogni trasformazione ragionevolmente concepibile i processi naturali coinvolgono l'inevitabile diminuzione del valore della funzione stessa, vero «termometro» dei processi che coinvolgono calore, temperatura e cambiamenti di stato.

Ogni trasformazione spontanea comporta una diminuzione della funzione di Gibbs e viene detta esoergonica, mentre le trasformazioni endoergoniche, con aumento del valore della funzione di Gibbs, non possono aver luogo spontaneamente, perché altrimenti si orienterebbero in senso opposto; la costanza della funzione G caratterizza a sua volta una condizione di equilibrio termodinamico.

Nella seconda metà dell'Ottocento, un certo numero di fisici, chimici e fisico-matematici, fra i quali spiccano i già citati Gibbs, Maxwell e Boltzmann, diede vita a quel monumento del genio umano che è la meccanica statistica, l'analisi dettagliata del comportamento delle molecole in connessione con i fenomeni termici. È stata questa la prima volta che si è adottato integralmente e coscientemente un atteggiamento riduzionista, che è poi diventato parte della forma mentis della grande ricerca. Che cos'è il riduzionismo? È un pallino degli scienziati – all'inizio prevalentemente fisici, ma in seguito anche chimici e biologi – fieramente avversato dai non scienziati, che puntano spesso i loro strali, diretti contro la scienza in generale, proprio nella direzione dell'atteggiamento e del metodo riduzionista. Nonostante che sia chiaro a tutti che i principali successi della scienza moderna derivino dall'applicazione consapevole di un sano e intelligente riduzionismo, dalle molecole al DNA, dalle particelle subatomiche ai neuroni del cervello, dal magnetismo agli ormoni, dai chip al meccanismo d'azione dei farmaci.

Il termine riduzionismo di conio e di interesse prettamente filosofico denota un certo numero di cose diverse e possiede un'importante risonanza emotiva. Rimanda infatti a espressioni come «ridurre a» e «riduttivo», che nel linguaggio quotidiano indicano operazioni di limitazione, di banalizzazione e di svilimento di qualcosa che ha invece aspetti elevati. Frasi come «Dire che Antonio ha fatto questo solo per interesse è riduttivo», o come «Questo ragionamento mi sembra troppo riduttivo» ricorrono di frequente nella conversazione. L'idea che il riduzionismo sia riduttivo, nel senso comune della parola, è piuttosto diffusa e non contribuisce certo a conferirgli una risonanza positiva. In realtà non c'è alcun rapporto tra le operazioni del riduzionismo scientifico e le banalizzazioni contenute in un'argomentazione riduttiva del linguaggio quotidiano, anche se per giocare ancora di più sull'ambiguità dei termini di recente ho sentito qualcuno affermare che la scienza è «riduttivista», parola bruttissima ma rivelatrice di uno stato d'animo di ostilità e di rabbia repressa nei confronti della scienza stessa.

Nel tentativo di comprendere il mondo lo scienziato ricorre a una serie di operazioni che possono essere indicate con il termine riduzionismo, con almeno due significati. Esiste un riduzionismo metodologico o esplicativo che consiste nel tentare di ricondurre un fenomeno ignoto o poco conosciuto a meccanismi e principi già noti. Cercare di spiegare l'ignoto in termini di ciò che è noto è quello che ognuno di noi fa dalla mattina alla sera nella vita di tutti i giorni, e sembrerebbe un'iniziativa più che lecita o addirittura encomiabile. Ma qualcuno non la pensa così. Ancora peggio vanno le cose con quello che potremmo chiamare riduzionismo materiale od ontologico, che in fondo altro non è che un'altra forma, forse più spinta, di riduzionismo metodologico. Questa operazione concettuale consiste nel tentare di comprendere la condotta degli enti di natura in termini delle parti più o meno ben definite che li compongono e nelle quali possono essere scomposti. Più che di ridurre si tratta cioè di scomporre in fattori elementari di cui si conoscono o si presume di conoscere i comportamenti. Esempi tipici di queste operazioni sono il tentativo di comprendere il comportamento di un corpo materiale – gas, liquido o solido – nei termini delle molecole che lo costituiscono, comprendere gli esseri viventi nei termini dei processi cellulari e molecolari che li caratterizzano oppure il funzionamento della mente in termini di cellule e di circuiti nervosi.

È chiaro che si tratta più di un programma e di una dichiarazione d'intenti che di un'operazione sempre perfettamente riuscita, ma resta il fatto che un atteggiamento riduzionista caratterizza il lavoro quotidiano della maggior parte degli scienziati del mondo. È stato un proposito consapevolmente riduzionista a portare negli anni della Seconda guerra mondiale alla fondazione della biologia molecolare, dopo che la biologia aveva languito per secoli, indugiando in un atteggiamento descrittivo e in discorsi sostanzialmente argomentativi. Oggi è una posizione più o meno coscientemente riduzionista ad aver condotto ai grandi avanzamenti della neurobiologia e più in generale delle neuroscienze.

Se nel suo operare quotidiano lo scienziato non può che essere riduzionista, molte persone che non fanno scienza stigmatizzano e condannano il riduzionismo perché illecito o perché impotente – o per entrambe le ragioni – affermando che è irrimediabilmente morto o sta per morire. I motivi per i quali il riduzionismo viene dichiarato illegittimo sono molto semplici e persino scontati. Secondo questi critici la scienza non si limita a individuare certi elementi della realtà che ci circonda e a studiarli da un punto di vista specifico e molto limitato, ma pretende anche di guardare meccanicisticamente dentro questi elementi, scomponendoli e frantumandoli nelle loro parti elementari o meno complesse. Si tratta quindi secondo costoro di un'operazione assolutamente arbitraria, che perde di vista l'oggetto di studio e che non può che produrre una conoscenza di serie B. Gli oggetti del mondo sono invece un tutt'uno, entità globali irriducibili all'insieme delle loro componenti.

A loro avviso un approccio riduzionistico non può produrre vera conoscenza. Altri detrattori ritengono invece l'approccio riduzionistico lecito e utile per studiare certe cose, ma non per studiarne altre. L'oggetto tipico di tale obiezione è oggi la mente, mentre fino a qualche tempo fa era la vita. Un programma riduzionista, dicono costoro, può servire a comprendere alcune proprietà della materia inanimata e magari del funzionamento delle cellule e del corpo, ma non potrà mai servirci a capire come funziona la mente, per non parlare poi della psiche e della coscienza. Sono stati scritti libri su libri e un'infinità di articoli per illustrare e «dimostrare» questa tesi, a opera di scrittori, di artisti e di filosofi. Pochi di loro riflettono sul fatto che quello che si dice attualmente della mente veniva detto fino a poco tempo fa della vita, e qualcuno lo dice ancora. Anche in quel caso le argomentazioni avverse al riduzionismo sembravano ineccepibili, ma gli ultimi decenni hanno spazzato via perfino il ricordo di tali dottissime osservazioni e obiezioni, che hanno fatto la stessa fine di quelle del don Ferrante di Manzoni.

In fondo il riduzionismo non è altro che l'espressione della fiducia dello scienziato nell'unità della natura. Se il reale è uno, e la sua conoscibilità unitaria, il riduzionismo è un progetto di lavoro che ha una sua ragion d'essere nonché una buona probabilità di riuscita. Se invece il reale non è unitario, il riduzionismo si presenta con i caratteri di un'aspirazione donchisciottesca o addirittura come una farsa culturale. Personalmente sono molto in sintonia, lo si sarà capito, con il concetto di un riduzionismo come progetto e come principio-guida, e non ne vedo i pericoli di solito denunciati da chi sostiene posizioni antiriduzionistiche e indica nell'atteggiamento riduzionista un ostacolo al raggiungimento della verità, soprattutto per quanto concerne i fenomeni più complessi. Non si può in ogni caso non notare che negli ultimi trenta anni molti cosiddetti insondabili misteri sono caduti sotto i colpi della ricerca scientifica, sia per quanto riguarda il cervello sia per quanto riguarda la mente. Per ora il riduzionismo ha sempre funzionato; se e quando non funzionerà, lo si vedrà.

D'altra parte, la realtà si articola effettivamente su un certo numero di piani diversi. Gli esseri viventi sono formati da organi e tessuti e questi ultimi da cellule. Le cellule viventi e tutti i corpi estesi, animati e inanimati, sono fatti di molecole e queste di atomi. Gli atomi sono aggregati di particelle elementari che oggi sappiamo costituite in qualche misura di altre particelle ancora più elementari. Non c'è niente di concreto nel mondo che sia privo di una struttura composta di parti, fatte a loro volta di altre parti più piccole. I vari piani di realtà hanno proprietà diverse e si possono descrivere utilizzando svariate terminologie. Le molecole hanno proprietà differenti dagli atomi e questi, vedremo, dalle particelle elementari che li costituiscono. Così la materia che nasce dall'aggregazione di molte molecole ha alcune proprietà diverse da quelle delle molecole che la compongono. La molecola d'acqua per esempio non è né bagnata né trasparente, mentre una certa quantità d'acqua lo è; analogamente, la durezza, la malleabilità o la lucentezza di un metallo sono proprietà del metallo stesso, non degli atomi e delle molecole che lo formano. Continuando sulla stessa falsariga, la vita è una proprietà della cellula o di un intero organismo e non ha senso riferirla alle sue singole molecole, come il sistema nervoso nel suo complesso ha proprietà diverse da quelle dei suoi singoli componenti. Quelle che si manifestano in un certo piano di realtà ma che sono assenti in un piano inferiore sono state chiamate proprietà emergenti, termine che abbiamo già adoperato senza spiegarlo in dettaglio.

Il linguaggio quotidiano e buona parte del linguaggio scientifico parlano della realtà macroscopica che ci circonda in termini delle proprietà emergenti che tutti conosciamo, e ciò è sufficiente per descrivere una grande quantità di fenomeni osservati, ma non tutti. Il riduzionismo è nato proprio perché si è tentato di comprendere qualcosa in termini delle sue parti costituenti. Questa operazione tanto avversata dai suoi critici permette di cogliere meglio, cioè più approfonditamente, un certo numero di fenomeni che riguardano oggetti estesi inanimati, ma sembra assolutamente indispensabile nell'analisi dei fenomeni biologici. Noi siamo quello che siamo e i coleotteri sono quello che sono perché siamo tutti obbligatoriamente composti di parti minuscole formate da costituenti molecolari. Alcune proprietà del ferro o del marmo possono essere comprese anche senza scendere al livello dei domini molecolari o delle molecole che li compongono, ma non c'è modo di capire la vita, la morte, l'invecchiamento, la nutrizione, la digestione, il movimento e la gran parte dei fenomeni omeostatici e regolativi propri degli esseri viventi senza analizzare la loro struttura, che si articola su piani di realtà diversi. È proprio la vita in tutte le sue manifestazioni, compresa la capacità di comportarsi e progettare, che richiede e legittima un approccio riduzionistico. Provate a immaginare un qualsiasi fenomeno nervoso senza scendere al livello delle cellule e dei circuiti nervosi. Paradossalmente, l'approccio riduzionistico è indispensabile proprio laddove il suo uso viene più disapprovato. Naturalmente se l'intento è quello di comprendere. Se invece è quello di descrivere i fenomeni con le stesse parole di venticinque secoli fa, allora ciò non è necessario.

Tutto questo ha anche una storia. La geologia ci ha insegnato che la Terra ha una storia, la biologia ci ha insegnato che la vita sulla Terra ha una storia e la fisica ci sta dicendo, come vedremo in dettaglio più avanti, che anche l'universo ha una storia. All'inizio della sua storia l'universo era popolato di particelle che non riusciamo neppure a ipotizzare. Con il progressivo raffreddarsi dell'universo primigenio si sono formate le particelle elementari che conosciamo, poi gli atomi, poi le molecole. Queste si sono riunite in aggregati e rocce e sul nostro pianeta in distese di acqua e innumerevoli micelle fino a che a un certo momento è nata la vita, prima unicellulare, poi pluricellulare, che ha dato luogo a organismi che sono o ci appaiono sempre più complessi. La contemplazione dei diversi piani di realtà coesistenti oggi può anche essere vista come un viaggio nel tempo: all'inizio esistevano solo i piani di organizzazione più minuti, ai quali si sono andati aggiungendo piani di realtà sempre più estesi e complessi. Con la comparsa di piani di realtà sempre nuovi sono apparse anche nuove proprietà, le proprietà emergenti appunto.

Ebbene, se non fossero progressivamente affiorate nuove proprietà emergenti non ci sarebbe alcuna necessità di un riduzionismo. Basterebbe osservare le cose così come sono. Il riconoscimento dell'esistenza di proprietà emergenti e il riduzionismo sono quindi due facce della stessa medaglia, due modi opposti di guardare alla realtà che tuttavia si implicano a vicenda. Se consideriamo l'evolversi del mondo presente a partire dalle sue origini, notiamo un progressivo emergere di nuove proprietà. Se invece guardiamo indietro nel tempo o tentiamo di ridurre i livelli di aggregazione più alti a quelli inferiori, abbiamo il riduzionismo. Il riduzionismo quindi non è solo lecito, ma è addirittura necessario, anche se ciò non significa che sia sufficiente. L'unica domanda pertinente è, quindi, quanto potente e promettente può rivelarsi un approccio riduzionistico, soprattutto in biologia.

Sappiamo infatti che se nella storia dell'universo non si fossero verificate particolari condizioni probabilmente non esisterebbe oggi alcun atomo di piombo. Se si assume però che nell'universo ci sia qualche atomo di piombo, questo non può che possedere una certa configurazione e determinate proprietà. La struttura della tavola periodica degli elementi discende infatti direttamente dalle leggi della meccanica atomica, e così una specifica quantità di atomi di piombo esiste su vari corpi celesti presenti in varie porzioni del cosmo. Non così per un muflone. Non era affatto necessario che ci fosse il muflone sul nostro pianeta e se esiste qualche forma di vita in altre parti dell'universo è altamente improbabile che vi si trovi un muflone, o un canguro o una procellaria, quali noi li conosciamo. Nello studio della vita è in sostanza fondamentale un atteggiamento riduzionista che tenga primariamente conto del corso passato delle cose e delle sue particolarità, vale a dire un riduzionismo che possiamo chiamare storico o, se si preferisce, diacronico.

I critici del riduzionismo gli contrappongono talvolta l'olismo, un approccio e, forse, un programma di lavoro che, rinunciando a scomporre le entità da studiare nelle loro parti, tenta di comprenderle nella loro interezza. Il tutto, dicono costoro, è troppo di più della somma delle sue parti e ci si deve impegnare a studiare gli oggetti e i fenomeni come un insieme. Se come atteggiamento generale e come aspirazione l'olismo sembra ineccepibile e sommamente auspicabile, come programma di lavoro non ha fino a questo momento prodotto alcunché. Anche in questo caso, chi vivrà vedrà. Per me è sempre meglio stare a vedere che vaticinare.

Nelle loro argomentazioni, i critici delle spiegazioni riduzionistiche e meccanicistiche accampano spesso l'argomento della complessità, un termine oggi di gran moda. Anche questo concetto deriva dalla scienza, e più in particolare dalle scienze fisiche. La fisica classica si occupava di fenomeni semplici, o semplificati al massimo, e procedeva con una certa sicurezza sulla via della definizione di leggi e principi fisici universali che conducevano a predizioni quasi infallibili. Dopo la tempesta concettuale causata dalla fisica del secolo scorso e dalle problematiche dell'infinitamente piccolo, molti fisici si sono dedicati a studiare sistemi materiali più complessi che evolvono in maniera difficilmente prevedibile e dipendente da un numero enorme di fattori, ciascuno dei quali può giocare talvolta un ruolo delicato. Un esempio tipico è rappresentato dalle perturbazioni atmosferiche che hanno un alto grado di complessità e che sembrano evolvere in maniera capricciosa e imprevedibile. Per affrontare tali problematiche è stato necessario ricorrere a nuovi strumenti d'indagine e a nuovi modelli teorici, di frequente compresi sotto la dicitura di analisi di sistemi dinamici complessi. Non si tratta di studi semplici e gli scienziati che vi si dedicano devono saper utilizzare tutti gli strumenti, concettuali e materiali, della fisica e della matematica, avvalendosi spessissimo anche di potenti calcolatori. Il nucleo problematico centrale di tali studi risiede in due caratteristiche tipiche dei fenomeni complessi.

In primo luogo la loro non linearità. Un fenomeno lineare è contraddistinto dal fatto che se si raddoppia l'entità di una causa, anche il corrispondente effetto raddoppia, almeno approssimativamente. Nel caso di un fenomeno non lineare, invece, non c'è proporzione alcuna fra la causa e l'effetto.

Talvolta a un modestissimo incremento dell'entità di una causa può corrispondere un enorme aumento dell'effetto prodotto. A questo proposito si parla spesso del cosiddetto effetto farfalla: il battito delle ali di una farfalla nella Terra del Fuoco può finire per causare un tornado in Giappone. Si tratta di una frase suggestiva che rende bene l'idea della non linearità dei fenomeni atmosferici, anche se non si può fare a meno di chiedersi, se le cose stessero sempre in questi termini, che cosa mai potrebbero causare i continui decolli e atterraggi di enormi jet negli aeroporti di tutto il mondo.

In secondo luogo i sistemi complessi mostrano una dipendenza del loro comportamento da un'infinità di parametri, appartenenti frequentemente a un certo numero di scale dimensionali diverse. Pensiamo a una foresta. Per comprenderne le proprietà e l'evoluzione nel tempo occorre tenere conto di sistemi e di meccanismi che operano a molteplici livelli organizzativi e dimensionali diversi, dagli atomi alle molecole, dalle particelle di terriccio ai microrganismi che vi albergano, dalle muffe alle grandi conifere, dai microambienti all'ecosistema. Anche se il tutto può essere relativamente stabile per lunghi o lunghissimi periodi di tempo, se si vuole indagare a fondo ciò che vi accade non può essere trascurato il comportamento di nessuno dei singoli sottosistemi. Questo complica enormemente lo studio di sistemi del genere. È nata di conseguenza una scienza della complessità che si sforza di modellizzare e trattare nella maniera più efficiente possibile fenomeni che un tempo non venivano presi seriamente in considerazione o di cui si affrontavano solo alcuni aspetti.

I fisici parlano quindi oggi comunemente di sistemi complessi, di non linearità e di complessità. Accanto a questo significato, serio e scientifico, del termine complessità ne sono andati però comparendo molti altri, più o meno collegati, che hanno alimentato una sorta di mistica della complessità. In questa accezione, o meglio in questo gruppo variegato di accezioni, il termine viene usato come passe-partout per affermare e reclamizzare l'impossibilità di comprendere a fondo la gran parte dei fenomeni, naturali e non, i quali possono essere penetrati soltanto ricorrendo a confuse pseudospiegazioni che trovano una giustificazione esclusivamente nel quadro di tale mistica. Sul fatto che il mondo in generale e la vita in particolare siano complessi non c'è il minimo dubbio; ma la loro complessità deve essere considerata un punto di partenza e non un traguardo. Abbiamo sempre saputo di avere a che fare con una realtà complessa. Il punto non è questo. Occorre al contrario sforzarsi di utilizzare tutti gli strumenti disponibili per analizzare al meglio tale complessità, isolandone e studiandone dapprima gli aspetti più semplici o più semplificabili, come abbiamo già visto, e aumentando via via la complicazione e l'aderenza alla realtà.

Il primo vero esempio di operazione riduzionistica, e per qualcuno anche l'unico valido, è rappresentato proprio dalle spiegazioni fornite dalla meccanica statistica alla scienza del calore e della temperatura. In realtà noi abbiamo anticipato molte delle conclusioni della meccanica statistica, dicendo che la temperatura è un indice della velocità media delle molecole in un corpo materiale, parlando del contenuto energetico di un sistema e accennando alla dialettica macrostati-microstati per illustrare il versante molecolare dell'entropia.

In tutti questi contesti ricorre spesso l'esempio di una delle tante idealizzazioni della fisica, quella di gas perfetto. Un gas perfetto, o gas ideale, è una collezione di particelle, diciamo atomi o molecole, che possono essere trattate come numerosissime e puntiformi, e che non interferiscono in alcun modo tra di loro né con le pareti del recipiente. Nessun gas reale ha queste caratteristiche, ma molti ci si possono avvicinare in condizioni opportune: quando sono molto rarefatti, quando sono a temperatura alta o a pressione molto bassa. Tre sono le leggi fondamentali che descrivono il comportamento macroscopico di un gas perfetto.

La prima, chiamata anche legge di Boyle e Mariotte, dice che in condizioni di temperatura costante la pressione di un gas è inversamente proporzionale al suo volume, ovvero più alta è la pressione esercitata dal gas sulle pareti del recipiente, minore è il volume che occupa e viceversa. In altre parole, a temperatura costante è costante il prodotto della pressione per il volume. La seconda, nota come prima legge di Gay-Lussac o legge di Charles, afferma che a pressione costante il volume è direttamente proporzionale alla temperatura assoluta, mentre la terza, ovvero la seconda legge di Gay-Lussac, dice che a volume costante del gas la sua pressione è direttamente proporzionale alla temperatura assoluta.

Le tre leggi si possono riassumere in un'unica legge, molto semplice e compatta, detta equazione di stato dei gas perfetti, che li definisce completamente: il prodotto della pressione per il volume è proporzionale alla temperatura assoluta alla quale il gas si trova. La costante di proporzionalità è a sua volta uguale al prodotto di una costante, R, detta costante universale dei gas perfetti, moltiplicata per la quantità di gas studiata, misurata in numero di moli. Ricordo che la mole è una quantità di gas, o più in generale di materia, avente un peso in grammi corrispondente al peso molecolare delle molecole in questione. Per la legge di Avogadro, infine, una mole di materia, di qualunque materia, contiene sempre lo stesso numero di molecole, per la precisione $6{,}022 \times 10^{23}$, più di seicentomila miliardi di miliardi, un numero enorme detto anche numero di Avogadro. Parlando in termini di molecole, quindi, una certa quantità di molecole di qualsiasi gas prese a una determinata temperatura ha sempre lo stesso prodotto pressione per volume. Non si può che rimanere affascinati da dati come questi, sintesi di sforzi enormi e di eccezionale perseveranza, frutto anche della convinzione che la natura sia fondamentalmente unitaria e retta con mano ferma da leggi universali.

Nonostante che molto di quello che precede sia, come abbiamo ampiamente detto, frutto di idealizzazioni e speculazioni teoriche, è stato comunque di enorme utilità, almeno come approssimazione e punto di partenza, oltre che di fondamentale importanza per orientare le ricerche successive e tutto il nostro modo di procedere verso la scoperta delle leggi di natura. I gas reali si comportano in maniera un po' diversa, ma sono descritti molto bene da una modificazione della legge di stato dei gas perfetti chiamata equazione di Van der Waals, che contiene un paio di parametri sperimentali che cambiano da gas a gas. Idealizzazione quindi, ma benedetta!

# Onde

Una volta il tempo si poteva misurare sul ritmo del giorno e della notte e delle posizioni cicliche del Sole nel cielo, poi contando le oscillazioni meccaniche di un pendolo, e oggi lo standard è dato dalle oscillazioni elettromagnetiche di un sistema atomico tenuto a bassissime temperature. Al momento è in progettazione un «orologio» atomico che dovrebbe sgarrare di un secondo ogni quattro miliardi e mezzo di anni! Lo scorrere del tempo è probabilmente lineare, ma l'unica maniera di misurarlo è quello di affidarsi a oscillazioni cicliche – gravitazionali, meccaniche o elettromagnetiche. Molte oscillazioni si propagano in forma di onde. Le onde sono entità fondamentali che caratterizzano una miriade di fenomeni diversi. L'intero cammino della fisica si potrebbe anche vedere come uno strenuo tentativo di comprendere le onde nella loro genesi e nella loro propagazione.

Ma cominciamo dalle cose semplici. Un pendolo che oscilla intorno alla sua posizione di equilibrio è un esempio di moto periodico: a intervalli regolari assume la stessa posizione. Si chiama periodo, di solito indicato con $T$, il lasso di tempo che intercorre fra l'istante in cui assume una posizione e quello in cui «ripassa» da lì. Questa posizione può anche essere un punto estremo, d'inizio o di arrivo dell'oscillazione. Se l'oscillazione non è troppo ampia, il periodo del pendolo non varia nel tempo e dipende solo dalla lunghezza del pendolo stesso. È noto che questo fenomeno, ossia l'isocronismo del pendolo, è stata una delle prime scoperte di Galileo.

Fra tutte le forme di oscillazione rivestono particolare importanza quelle che originano da un cosiddetto moto armonico. In tale situazione la forza «di richiamo» è proporzionale allo scostamento dalla posizione di equilibrio. Ciò vale per un pendolo, per le oscillazioni di un elastico o di una molla e per le vibrazioni di una corda di violino o di chitarra. Un'oscillazione che dura nel tempo e si estende nello spazio prende il nome di onda. Ogni fenomeno a suo carico possiamo chiamarlo fenomeno ondulatorio. Un'onda prende spesso una forma sinusoidale: la sua intensità sale fino a un massimo, che viene detto cresta dell'onda, e poi scende fino a un minimo, chiamato ventre dell'onda stessa. Poi tutto ricomincia. Si dicono ampiezza l'intensità dell'onda in corrispondenza di una cresta e lunghezza d'onda la distanza spaziale fra due creste contigue, o fra due ventri contigui. Il numero di creste o di ventri per unità di tempo si definisce frequenza ed è facile capire che sia inversamente proporzionale al periodo dell'onda stessa. Più lenta è l'oscillazione, più lungo è il periodo e più bassa la frequenza. L'onda si propaga con una certa velocità. È evidente che tale velocità si può calcolare come prodotto della frequenza per la lunghezza d'onda.

Un fenomeno fondamentale che riguarda i moti ondosi è quello dell'interferenza, che si può osservare quando due onde s'incontrano. Questo accade se le due onde hanno esattamente la stessa frequenza e sono in fase, sono partite cioè allo stesso istante. Si ha a che fare allora con due sorgenti coerenti. In questo caso ci saranno regioni dello spazio in cui una cresta di una oscillazione si sovrappone a quella dell'altra. Si avrà perciò un'esaltazione dell'oscillazione e si parlerà di interferenza costruttiva. Esisteranno però anche punti dello spazio in cui una cresta di un'oscillazione si sovrappone esattamente a un ventre dell'altra. Si avrà allora uno smorzamento dell'oscillazione, ovvero un'interferenza distruttiva. Il risultato sarà un mosaico di punti a più alta intensità e punti a minima intensità, accompagnati da tutta una serie di localizzazioni che mostrano un'intensità intermedia. Il fenomeno si può osservare anche provocando due onde in uno stagno, ma è massimamente evidente con le onde luminose. Ed è proprio nello studio della luce, come vedremo, che il fenomeno ha una grande importanza.

Quando nel campo di oscillazione di un'onda si viene a trovare una potenziale sorgente di oscillazioni della stessa frequenza, quest'ultima si attiva e comincia a oscillare a sua volta, anche se in genere con intensità minore. È il fenomeno della risonanza. Se ne possono dare moltissimi esempi, dai più complessi ai più semplici. Un ricevitore radio entra in risonanza se è colpito da un'onda radio della frequenza alla quale oscillerebbe di suo. Una corda di uno strumento musicale entra in risonanza se viene colpita da un'onda della frequenza che le è propria. Molti strumenti sono costruiti proprio in modo da ottenere questo effetto di amplificazione e di arricchimento del suono della corda principale. Consideriamo infine un ponte di corde o di legno piuttosto rudimentale e supponiamo che su questo marci a tempo un plotone. Se la frequenza di marcia si avvicina a quella alla quale vibrerebbe il ponte stesso se messo a oscillare, il ponte comincerà a oscillare paurosamente e può addirittura rovinare giù.

Per quanto riguarda la direzione delle oscillazioni, occorre notare che esistono onde trasversali che oscillano su piani perpendicolari alla direzione dell'onda; tali sono per esempio le onde elettromagnetiche, tra le quali la luce, dove il campo elettrico e quello magnetico oscillano trasversalmente rispetto alla direzione del moto. Esistono poi onde longitudinali, come quelle sonore, che oscillano lungo la direzione di propagazione. Il suono infatti è una successione di compressioni e di rarefazioni del mezzo nel quale si propagano, per esempio l'aria. Tali compressioni e rarefazioni colpiscono il timpano e lo fanno vibrare; la vibrazione è trasmessa poi da una catena di ossicini all'interno dell'orecchio medio e consegnata al liquido linfatico presente nell'orecchio interno, dove viene analizzata da una serie di 20.000 cellule ciliate messe in movimento dal moto della linfa stessa. Le cellule ciliate conducono infine il segnale nervoso al cervello. Ciò che sentiamo è un'elaborazione delle vibrazioni sonore trasmesse attraverso l'aria come successione di compressioni e rarefazioni di questo mezzo.

Lo studio del suono prende il nome di acustica. Di un suono si può distinguere un'intensità, una frequenza e un tono. L'intensità, detta a volte anche volume del suono, discende dall'entità della pressione massima esercitata dall'oscillazione sulle molecole dell'aria. Da notare che nel suo moto ogni onda trasporta energia; con questa energia il suono fa vibrare il nostro timpano e qualsiasi corpo presente sul suo cammino. La frequenza, o altezza, del suono è la frequenza principale o fondamentale dell'oscillazione. Il diapason, la forcella che vibrando dà il la agli strumentisti e ai cantanti, emette un suono di 440 vibrazioni al secondo, ovvero 440 hertz (Hz) perché una frequenza di 1 vibrazione al secondo è anche la frequenza di 1 hertz, l'unità di misura standard della frequenza. Accanto alla frequenza principale, in un suono esiste praticamente sempre una serie di altre frequenze, multiple della principale e dette armoniche superiori, presenti con intensità minore e variabile da suono a suono. Si dice tono, o timbro, di un dato suono l'insieme di tutte le armoniche superiori che accompagnano la frequenza principale. Così la stessa nota eseguita su un violino, su una chitarra, su un clarinetto o cantata da una specifica voce umana ha un timbro diverso e caratteristico. Ciò aumenta di molto il cromatismo e quindi il fascino di un suono, in particolare musicale.

Il nostro orecchio non è sensibile ai suoni di ogni frequenza, ma solo a quelli compresi tra 20 e 20.000 hertz, anche se varia un po' da persona a persona a persona e con l'avanzare dell'età. I suoni di frequenza superiore a 20.000 hertz sono chiamati ultrasuoni. Noi siamo sordi agli ultrasuoni, ma i pipistrelli sono in grado di udirli, anche fino a 65.000 hertz, e li usano anche per orientarsi nel buio. Già nel Settecento Lazzaro Spallanzani aveva notato che i pipistrelli «vedono» con gli orecchi, e infatti usano gli ultrasuoni come una sorta di radar. Sono in grado di emetterli e di riceverli dopo aver incontrato un ostacolo, che può essere la parete di una grotta o un insettino del quale si potranno cibare. I suoni inferiori a 20 hertz sono detti infine infrasuoni. Noi siamo sordi anche a quelli, ma alcuni animali li avvertono e agitandosi possono anticipare per esempio il sopraggiungere di un terremoto o di semplici scosse sismiche, preannunciate da onde di bassissima frequenza che si propagano nel terreno.

Quando una sorgente sonora si avvicina, noi percepiamo il suo suono divenire sempre più acuto, cioè di alta frequenza, mentre quando si allontana lo avvertiamo sempre più grave, cioè di bassa frequenza. Questo si chiama effetto Doppler e si applica pure alle onde luminose. Quando una sirena si avvicina la sentiamo sempre più acuta, mentre quando è passata e si allontana, sempre più grave. Si deve al fatto che le onde che si avvicinano «si addensano», mentre quelle che si allontanano «si diradano».

Il suono si propaga nell'aria con una velocità di 343 metri al secondo, ovvero 1235 km/h. Quando un aereo arriva a questa velocità si dice che supera il muro del suono e raggiunge una velocità supersonica. Il suono può propagarsi più rapidamente nei liquidi e nei solidi, anche se in questi mezzi perde ovviamente d'intensità, cioè d'energia. Nell'acqua si propaga a 1484 metri al secondo, cioè a 5342 km/h, mentre nel ferro, per esempio, a 5100 metri al secondo, cioè a 18.340 km/h.

Concludiamo con una nota poetica: la formazione di un'eco. In particolari condizioni a una voce o a un suono risponde un'eco, quando l'onda sonora si riflette su una parete e torna indietro non troppo attenuata con un ritardo superiore a 1/10 di secondo. Se il ritardo è inferiore a questo valore non si riesce a distinguere l'onda di ritorno da quella emessa e si parla allora di riverbero o rimbombo, come quello che si sente a volte in una stanza vuota. Ciò accade, è chiaro, quando la superficie riflettente è distante meno di 17 metri dalla sorgente. Se lo è di più si forma direttamente un'eco. Per percorrere 34 metri (due volte il percorso di 17 metri) il suono impiega infatti giusto 1/10 di secondo. Quando la stanza contiene mobili è più difficile percepire un rimbombo e su questo principio si possono costruire ambienti anecoici, cioè privi per quanto possibile di eco e di rimbombo. Per ottenere questo occorre attrezzare le pareti in modo da frapporre molteplici ostacoli alla riflessione, magari multipla, del suono, o utilizzare materiali fonoassorbenti. Si dice spesso in questo caso che c'è un'acustica migliore, quale è richiesta per esempio in una sala da concerti.

Infine i battimenti. Quando due sorgenti sonore emettono onde di frequenze leggermente diverse si osserva il fenomeno del battimento. Le due onde si sovrappongono imperfettamente così che un attimo si sommano e un attimo dopo si elidono a vicenda, in maniera quasi periodica, con il risultato che l'intensità del suono risultante ora aumenta ora diminuisce. Ciò avviene quasi regolarmente nelle campane, soprattutto in quelle più grandi. I vari punti della campana emettono suoni con frequenze appena diverse e la conseguenza è una serie di battimenti che dà a ogni campana una voce caratteristica, e quella che si chiama talvolta sonorità ondulante.

# La luce

Chiamiamo luce, o luce visibile, la gamma di onde elettromagnetiche la cui lunghezza d'onda va da 400 a 700 nanometri, cioè miliardesimi di metro, ovvero da 790 a 435 Terahertz, cioè migliaia di miliardi di hertz, di frequenza. Le frequenze più basse di queste, a cominciare dall'infrarosso, o più alte, a cominciare dall'ultravioletto, non sono visibili al nostro occhio, anche se in natura ci sono altri occhi che le possono percepire.

L'ottica, cioè lo studio della luce, dovrebbe essere quindi un capitolo dell'elettromagnetismo, ma la storia è andata diversamente. Si è studiato la luce molto prima di conoscere i fenomeni elettromagnetici e di individuarne la natura di onda. Anzi la natura di onda è emersa, e con qualche difficoltà, solo in un secondo momento. Perché la luce può essere vista semplicemente come un raggio, diciamo un raggio luminoso, che parte da una sorgente e va da un punto a un altro, seguendo un percorso di un certo tipo. L'ottica che segue questo approccio «primitivo» prende il nome di ottica geometrica, mentre quella che considera la luce come un'onda è detta ottica fisica.

La velocità con la quale la luce si propaga, indicata di solito con la lettera *c*, è impressionante: 300.000 chilometri al secondo. Questo è il valore nel vuoto; nei mezzi materiali il valore è leggermente inferiore, e lo quantificheremo tra poco. La luce impiega poco più di un secondo ad arrivare sulla Terra dalla Luna e otto minuti e mezzo dalla Terra al Sole, ma ci vogliono quattro anni per arrivare alla stella a noi più vicina. Questa incredibile velocità è stata determinata prima con accurate osservazioni astronomiche e successivamente con strumenti fisici sempre più raffinati. Vedremo che il valore di $c$ rappresenta uno dei trionfi della teoria dell'elettromagnetismo, perché corrisponde in maniera stupefacente a quanto essa prevede.

Vedremo anche che per la teoria della relatività la velocità della luce è la massima raggiungibile e rappresenta una costante universale imprescindibile. In effetti $c$ è una delle tre costanti che sembrano reggere il mondo; della prima, la $G$ della legge di gravitazione universale, abbiamo già parlato. Sulla terza ci soffermeremo più avanti.

La luce viene emessa, si propaga in linea retta ed è infine assorbita da qualche materiale. Sulla sua traiettoria possono accadere diverse cose. La più semplice è la riflessione. Quando il raggio luminoso incontra una superficie riflettente, come uno specchio, tende a tornare indietro con una traiettoria assai precisa, regolata da due semplici leggi. La prima dice che il raggio incidente, il raggio riflesso e la perpendicolare alla superficie riflettente nel punto d'incidenza giacciono sullo stesso piano; non si ha cioè una riflessione sghemba. La seconda afferma che il raggio incidente e quello riflesso formano lo stesso angolo con la perpendicolare, anche se si trovano da parti opposte.

Il secondo fenomeno che può capitare a un raggio luminoso è la rifrazione, che ha luogo quando quello passa da un mezzo a un altro e i due mezzi hanno diverso indice di rifrazione $n$. L'indice di rifrazione esprime di quanto la luce va più piano di $c$ in quel mezzo, va cioè a $c/n$. Il vuoto ha ovviamente un indice di rifrazione uguale a 1, mentre l'acqua lo ha più alto dell'aria. Passando da un mezzo, per esempio l'aria, a un altro con un indice di rifrazione maggiore, il raggio devia un poco dalla sua linea e si accosta al proseguimento della perpendicolare alla superficie attraversata. Anche qui si hanno due leggi. La prima enuncia che il raggio incidente, il raggio rifratto e la perpendicolare alla superficie che divide i due mezzi nel punto d'incidenza giacciono sullo stesso piano; non si ha cioè una rifrazione sghemba. La seconda afferma che il seno trigonometrico dell'angolo che il raggio incidente forma con la perpendicolare sta al seno trigonometrico dell'angolo che il raggio rifratto forma con il prolungamento della stessa perpendicolare, come l'indice di rifrazione del secondo mezzo sta a quello del primo. Come abbiamo detto, se il secondo mezzo ha un indice di rifrazione maggiore di quello del primo mezzo, il raggio rifratto si accosta un poco al prolungamento della perpendicolare. Il contrario accade se il secondo mezzo ha un indice di rifrazione minore di quello del primo mezzo.

A causa della rifrazione noi vediamo «spezzata» una matita infilata nell'acqua di un bicchiere pieno a metà, e vediamo più grandi i pesci immersi nell'acqua. Entrambi i fenomeni sono ben noti, ma la loro «evidenza» è tale che restiamo lo stesso ingannati. Si tratta, come si dice, di un effetto ottico, o di un'illusione ottica, ma ci caschiamo inevitabilmente perché il nostro occhio vede la matita come se fosse realmente spezzata e i pesci come se fossero davvero più grandi.

Poiché la velocità della luce in un mezzo diverso dal vuoto è data da $c/n$, è cioè inversamente proporzionale all'indice di rifrazione del mezzo stesso, la seconda legge appena enunciata si può anche esprimere così: il seno trigonometrico dell'angolo che il raggio incidente forma con la perpendicolare sta al seno trigonometrico dell'angolo che il raggio rifratto forma con il prolungamento della stessa perpendicolare, come la velocità della luce nel primo mezzo sta a quella nel secondo mezzo. Siamo di fronte insomma a un cambiamento di velocità dell'onda luminosa che si traduce in una variazione dell'orientamento del raggio luminoso, più vicino al prolungamento della perpendicolare quando la velocità diminuisce.

Se invece l'indice di rifrazione del primo mezzo è superiore a quello del secondo mezzo, il raggio rifratto si allontana dal prolungamento della perpendicolare al piano d'incidenza, e può anche tornare indietro. Come risultato si ha un angolo di incidenza limite oltre il quale il raggio non si rifrange più ma si riflette: si parla in questo caso di riflessione totale, uno dei tanti effetti inaspettati della fisica. Il raggio non penetra, respinto dal brusco cambiamento di velocità, e «decide» di tornare indietro. Tutti i fenomeni legati alla propagazione della luce, alla riflessione e alla rifrazione possono essere riassunti in un principio di minimo: nel suo cammino un raggio luminoso percorre il cammino ottico più breve fra il punto di partenza e quello di arrivo, compatibile con le condizioni sperimentali. La natura quindi fa economia, e alcuni problemi possono essere risolti con semplicità imponendo leggi generali di tale tipo.

Da notare che l'indice di rifrazione dipende anche dalla lunghezza d'onda del raggio luminoso. Certe lunghezze d'onda deflettono più di altre e si può osservare un effetto cromatico. Si ha cioè la comparsa di uno spettro di colori che vanno dal rosso al violetto, gli stessi che si possono vedere in un arcobaleno. Il fenomeno prende il nome di dispersione della luce. Spesso un fascio di luce bianca che passa attraverso mezzi aventi indici di rifrazione diversi si fraziona in uno spettro di colori. Molti eventi di riflessione o di rifrazione sono accompagnati da un po' di dispersione, segnalata dall'apparizione di un mini-arcobaleno. L'uso di un prisma è particolarmente indicato per ottenere questo effetto, perché vi ha luogo di solito una doppia rifrazione, e la cosa fu a suo tempo osservata da Isaac Newton, il quale si occupò molto anche di ottica. Era convinto che un raggio luminoso fosse costituito da un flusso di particelle, una sorta di minuscoli proiettili, una visione certamente compatibile con i fenomeni studiati dall'ottica geometrica, ma difficile da riconciliare con la dispersione e la visualizzazione degli spettri di colore.

Approfittando dell'esistenza della riflessione e della rifrazione, l'uomo ha progettato nel tempo specchi e lenti per tutte le esigenze. Uno specchio piano si limita a riflettere le immagini, perché i raggi di luce vi incidono paralleli tra di loro e ne emergono ancora paralleli tra di loro. Noi vediamo i raggi riflessi e ci sembrano provenire da una fonte di luce che sta al di là dello specchio. Si ha cioè un'immagine virtuale, con la parte destra e quella sinistra dell'immagine invertite tra di loro: la mia mano destra la vedo sulla sinistra, ma le dimensioni di tutti gli oggetti osservati restano più o meno quelle di partenza.

Uno specchio curvo invece, se ben costruito e levigato, tende a ingrandire o a rimpicciolire l'immagine, e questo effetto può essere variamente utilizzato. Un caso particolare di specchi curvi è quello degli specchi sferici, concavi o convessi, più facili da studiare. Negli specchi concavi i raggi incidenti vengono fatti convergere su un unico punto chiamato fuoco, e l'immagine è reale perché collocata nello spazio antistante allo specchio stesso. Negli specchi convessi invece i raggi incidenti divergono e si sparpagliano come se venissero da un fuoco che sta al di là dello specchio, e l'immagine si dice virtuale. Le immagini che si vedono in specchi del genere presentano sempre qualche aberrazione, cioè una distorsione geometrica e a volte un particolare effetto cromatico. Tali aberrazioni vanno quindi corrette il più possibile.

L'immagine che si forma in uno specchio concavo «avvicina» oggetti che possono essere anche molto, molto lontani, come stelle e galassie, raccogliendo e facendo convergere una grande quantità di raggi luminosi originariamente paralleli. Il nostro occhio è uno strumento mirabile ma non potrebbe mai «raccogliere» tanta luce e conseguentemente tanta minuziosa informazione. Inserendo uno specchio a 45° all'altezza del suo fuoco reale e guardando l'immagine di lato, con un opportuno sistema ottico, si possono osservare ingranditi i dettagli di tale immagine. Questo sistema ottico funziona come un oculare. In tal modo, uno specchio concavo piazzato in fondo a un tubo può funzionare da telescopio, detto riflettore, appunto perché utilizza la riflessione della luce come fenomeno centrale. Sono esistiti infatti in passato telescopi riflettori che impiegavano specchi di grandi dimensioni, 2,5 metri (posto sul Monte Wilson) e 5 metri (posto sul Monte Palomar), e più di recente anche 10 metri e oltre, e importanti progressi sono stati ottenuti grazie al loro potere di frugare nelle profondità del cielo.

Mi è capitato di vedere uno di tali specchi «spogliato», liberato cioè dalle placche riflettenti, che vengono orientate istante per istante per mantenere la sfericità dello specchio stesso e contrastarne le aberrazioni. Si tratta di una molteplicità di martinetti controllati di continuo nel loro moto di sollevazione e abbassamento. La sensazione è stata la stessa provata all'interno di un acceleratore di particelle: un'enorme quantità di tecnologia ispirata e guidata da quella parte della scienza sulla quale ormai non ci sono più dubbi e che, qui come là, è messa al servizio degli scienziati di oggi per cercare di gettare un'occhiata nella porzione ancora relativamente inesplorata dei fenomeni di natura.

In tempi recenti si è scoperto per esempio che non è neppure necessario che lo specchio del telescopio sia... tutto d'un pezzo. Se si pongono più telescopi riflettori a una certa distanza gli uni dagli altri e li si collega, si può osservare che danno quasi gli stessi risultati di uno specchio enorme che avesse l'estensione risultante dalla somma dei vari specchi isolati, naturalmente se i dati vengono raccolti e analizzati da un supercomputer che esegue il lavoro di sintesi. La costruzione e la gestione di telescopi del genere risulta molto più semplice e modulare. Il più grande al momento è costituito da quattro specchi da 8 metri posti a una determinata distanza gli uni dagli altri.

La rifrazione viene invece utilizzata nei vari tipi di lenti. Una lente è un solido fatto di vetro, o di sostanze simili trasparenti alla luce, che grazie alla rifrazione riescono a far convergere o divergere i raggi luminosi che vi incidono. Sono convergenti, capaci cioè di far convergere i raggi rifratti verso un punto reale detto fuoco, le lenti che hanno il centro più spesso del bordo; sono invece divergenti, capaci cioè di far divergere i raggi rifratti come se provenissero da un fuoco virtuale, le lenti che hanno il centro più sottile della periferia. Si chiama distanza focale di una lente la distanza del fuoco, reale o virtuale, dal centro della lente stessa. A volte si parla direttamente di distanza focale per caratterizzare le proprietà di una lente, oppure si ragiona in termini di diottrie. Una lente da 1 diottria ha per definizione la distanza focale di 1 metro; una di 2 diottrie ha la distanza focale di mezzo metro, perché il numero di diottrie è uguale all'inverso della distanza focale espressa in metri: a un alto numero di diottrie corrisponde una corta distanza focale, a un basso numero di diottrie corrisponde una lunga distanza focale.

Anche nel nostro occhio esiste una lente, ovviamente di materiale organico e di assetto variabile, chiamata cristallino. Tale lente convergente, con una potenza di circa 20 diottrie – e considerata insieme alla cornea di circa 60 diottrie, pari a una distanza focale di 17 millimetri – mira a far confluire le immagini provenienti dal mondo sull'organo fotosensibile dell'occhio, la retina. Di norma il cristallino riesce a raggiungere lo scopo, alterando leggermente e continuamente la sua convessità, grazie all'azione di appositi muscoli. A volte queste alterazioni non bastano e l'immagine va a formarsi un po' prima, e allora si parla di miopia, o un po' dopo, e allora si parla di ipermetropia o di presbiopia, rispetto a dove si trova la retina. Occorre in questi casi fare uso di una lente, rispettivamente divergente o convergente, montata su un paio di occhiali. La potenza delle lenti addizionali si misura ovviamente in diottrie, positive per lenti convergenti o negative per lenti divergenti. La frase che si sente spesso è: «A quell'occhio mancano 2 diottrie, che vanno compensate con una lente».

Ben diversa è la questione del visus, cioè dei cosiddetti decimi. Se un occhio anche compensato con lenti opportune ha 8/10 di visus, vuol dire che la sua retina ha un ridotto potere risolutivo, ed è anche peggio se ha 5/10 di visus. La mancanza di diottrie si può correggere con le lenti, mentre per il difetto di visus si può fare ben poco. Fortunatamente i difetti di visus, almeno fino a una certa età, sono meno frequenti dei difetti di convergenza o divergenza delle lenti naturali dell'occhio.

Mettendo insieme un certo numero di lenti si può costruire un binocolo, un telescopio, grande o piccolo, o un microscopio. La lente più vicina all'occhio si chiama oculare, mentre quella più lontana si chiama obiettivo. Per lungo tempo i telescopi più utilizzati erano composti di lenti, erano cioè telescopi rifrattori, e molte scoperte, fra cui quelle di Galileo e degli astronomi dal Seicento all'Ottocento, sono state fatte con questo tipo di telescopi; in seguito hanno prevalso quelli muniti di specchi. Se i telescopi, più o meno grandi, hanno modificato la nostra percezione e concezione del cielo, i microscopi hanno cambiato la biologia, portando alla ribalta almeno i costituenti primari degli esseri viventi, le cellule, per non parlare delle loro strutture più intime. Una consistente parte della biologia deve la sua esistenza all'invenzione del microscopio.

Perché al microscopio, come pure al telescopio, non posso vedere dettagli sempre più minuti anche se l'ingrandimento lo consentirebbe? Perché la luce è fatta di onde e sotto a un certo livello non si può andare, visto che l'immagine si offusca. Spiegheremo tra un attimo il motivo, ma qui è sufficiente dire che tutto dipende dalla sua lunghezza d'onda. Si chiama risoluzione o potere risolutivo di un qualsiasi sistema ottico la più piccola distanza che separa due punti che posso percepire come separati. È chiaro che se non vedo separati due punti che in realtà lo sono, l'immagine con la quale ho a che fare non mi serve a molto, anche se è enormemente ingrandita. Ebbene, il potere risolutivo di un sistema ottico dipende dalla lunghezza d'onda della radiazione che utilizzo: più è corta, meglio è. Lunghezza d'onda ridotta significa frequenza alta; sarebbe quindi conveniente impiegare onde di altissima frequenza. D'altra parte una radiazione di frequenza, e quindi di energia, molto molto alta, rischia di danneggiare l'oggetto da osservare.

Per quanto riguarda i telescopi, da qualche tempo si è cercato di utilizzare radiazioni ultraviolette e i raggi X, una radiazione ad altissima frequenza. Il problema è che le osservazioni vanno fatte fuori della nostra atmosfera, perché i raggi X ne vengono disturbati, ma il guadagno in risoluzione è ragguardevole. Per i microscopi, invece, c'è stata una vera e propria rivoluzione con l'invenzione del cosiddetto microscopio elettronico, che ha aumentato notevolmente la nostra capacità di distinguere particolari estremamente minuti. Il fatto è che, come vedremo, a ogni elettrone è associata un'onda con una precisa lunghezza d'onda e frequenza. Convogliando quindi un fascio di elettroni su un campione e dirigendone poi il percorso se ne possono avere «immagini» assolutamente straordinarie, sia per trasmissione sia per «esplorazione» della superficie o, come si dice più propriamente, a scansione. Le immagini ottenute con il microscopio elettronico a scansione non sono particolarmente ingrandite, ma mostrano una ricchezza di dettagli della superficie del campione davvero ineguagliabile. Tali telescopi e microscopi di concezione un po' diversa rappresentano due esempi di tecnologie avanzate ispirate e sostenute dalle attuali formidabili conoscenze di fisica di base.

Delle radiazioni che provengono da lontane regioni del cielo si può anche fare un'analisi spettrale. Un prisma, abbiamo visto, può dar luogo a un evento di dispersione e generare uno spettro luminoso. Un sistema di prismi e di opportune lenti può servire ad analizzare gli spettri più diversi e costituisce uno strumento chiamato spettroscopio. Da una sorgente composita ad alta temperatura si ottiene uno spettro continuo con colori che vanno dal rosso al violetto: conterrà anche radiazioni nell'infrarosso e nell'ultravioletto, ma noi non siamo in grado di vederle con i nostri occhi. Se invece la sorgente è un gas incandescente composto da un solo elemento chimico, o da pochi elementi chimici, si osserveranno solo alcune righe ben nette di vario colore. Si parla in questo caso di uno spettro di emissione, che ci permette di individuare senza problemi la natura chimica di una sorgente anche molto lontana.

Se una radiazione continua passa attraverso un gas composito, si riscontrerà uno spettro continuo con alcune righe scure, dette righe di assorbimento. In questo spettro di assorbimento mancano infatti le frequenze assorbite dal gas mentre la radiazione lo attraversava. È ovvio che a parità di elemento chimico c'è una precisa relazione fra le righe luminose di uno spettro di emissione e le righe scure di uno spettro di assorbimento. La combinazione di questi due tipi di spettro permette moltissime interessanti valutazioni, in laboratorio o sulle radiazioni provenienti dallo spazio.

Abbiamo già parlato dell'effetto Doppler a proposito delle onde sonore: se una sorgente si avvicina, il suono diviene più acuto, mentre se si allontana, il suono diverrà più grave. Il moto di avvicinamento «condenserà» le onde, perché «le schiaccerà» verso di noi, provocando una leggera diminuzione della lunghezza d'onda, mentre l'allontanamento le diraderà, per così dire «tirandole indietro», aumentandone così la lunghezza d'onda. Se questa è la spiegazione, il fenomeno non potrà non estendersi anche alle onde luminose. Infatti è proprio così, e la cosa è tanto più notevole quanto più velocemente si muove la sorgente, per esempio allontanandosi, come fanno le stelle e le galassie molto distanti:

le righe spettrali dei vari elementi esistenti nella sorgente si sposteranno così verso il rosso, con un fenomeno detto appunto *redshift*. Con tale espediente ci si può fare un'idea della velocità con la quale un corpo celeste si scosta da noi. Sappiamo che l'universo si sta espandendo, e la misura del redshift a carico della radiazione proveniente da un corpo celeste ci può dire a che velocità quello si sta o, meglio, si stava allontanando al momento in cui è partita la radiazione che abbiamo preso in esame.

Parlando del potere risolutivo di un apparecchio e del perché al di sotto di certe dimensioni non posso vedere troppo distintamente abbiamo invaso il campo della cosiddetta ottica fisica, per comprendere la quale occorre tener presente che la luce è costituita di onde. La trattazione rigorosa di questo argomento è piuttosto complessa, ma si possono fare alcune semplificazioni. Una di queste, detta principio di Huygens-Fresnel, ci spinge a considerare ogni punto di un fronte d'onda come sorgente puntiforme di un fronte d'onda secondario di onde sferiche. Se l'onda si propaga in linea retta in campo aperto, ciò ha poca importanza, ma se la luce incontra degli ostacoli, le cose cambiano.

Supponiamo che il nostro raggio di luce incontri una parete con un'apertura. La parte di onda che impatta sulla parete si comporterà in modo più o meno regolare, mentre quella che imbocca l'apertura subirà qualche traversia. Se l'apertura è grande il disturbo si limiterà ai bordi. Ciascuno dei due bordi si comporterà infatti come una piccola sorgente di onde sferiche e queste andranno a disturbare almeno un po' le onde che vanno diritte. Ma se l'apertura è molto piccola, e in questo caso si parlerà piuttosto di fenditura, le perturbazioni dovute ai bordi divengono prevalenti e l'onda che ne uscirà sarà profondamente perturbata, producendo un'immagine confusa se proiettata su uno schermo. Si parla allora di diffrazione della luce. Non esiste alcun fenomeno luminoso che non dia luogo a una diffrazione, ma in molti casi il suo effetto è trascurabile. Diviene invece un elemento fondamentale quando l'apertura o l'ostacolo sono delle dimensioni della lunghezza d'onda della luce stessa. Allora succede qualcosa di assolutamente incomprensibile sulla base della propagazione di un fascio di corpuscoli.

Se l'apertura o l'ostacolo coincidono con le cose da osservare, la loro immagine non può essere nitida, ma apparirà piuttosto confusa e non risolvibile in elementi distinti. Questo ci spiega come mai al di sotto di una certa dimensione le immagini risultano confuse anche se vengono molto ingrandite. Non ha senso ingrandirle di più perché comunque la diffrazione impedisce di distinguerle con chiarezza. Questo limite invalicabile l'abbiamo chiamato potere risolutivo. Ogni strumento ha il suo potere risolutivo, anche se a prima vista riesce difficile capire perché. Il fatto è che non si può vedere meglio di come il raggio luminoso impiegato ci permette – dimostrazione, se ce ne fosse bisogno, di come non si possono nemmeno «guardare in faccia» le cose, perché le cose non hanno una faccia, specie se molto piccole. Tutto quello che possiamo fare è basarci su quanto ci è concesso osservare dalla loro interazione con noi. È sorprendente che abbiamo capito tutto questo. O, meglio, lo hanno capito gli scienziati, perché tutti gli altri nemmeno lo suppongono, anche se non fanno altro che sputare sentenze e pontificare. Come qualcuno che sostiene l'irrilevanza della scienza perché si occupa di aspetti parziali della realtà, invece di occuparsi del tutto. La sicumera degli ignoranti!

Abbiamo già parlato del fenomeno dell'interferenza a proposito delle onde sonore, ma lo stesso si applica anche alla luce e a qualsiasi altro fenomeno ondulatorio. Quando due onde luminose coerenti si incontrano, producono le cosiddette figure di interferenza, con l'alternarsi di punti luminosi e punti oscuri. I punti luminosi si hanno dove le due onde si sommano, e si parla di interferenza costruttiva, mentre i punti oscuri si hanno quando un'onda tende a cancellare la presenza dell'altra, ottenendo un'interferenza distruttiva.

C'è un modo relativamente semplice di produrre due onde coerenti. Si fa prima passare l'onda attraverso una fenditura e poi, pochi centimetri dopo, attraverso due fenditure vicine. Agendo in questo modo, le onde che emergono dalle due fenditure sono coerenti e possono dar luogo alle frange d'interferenza, proiettando su uno schermo le onde che vengono a formarsi di conseguenza. Con un esperimento del genere nel 1801 Thomas Young dimostrò incontrovertibilmente la natura ondulatoria della luce, mettendo fine a un'appassionata disputa scientifica che si trascinava da tempo. Presto incontreremo di nuovo l'esperimento della doppia fenditura. L'interferenza, in conclusione, è un altro fenomeno dell'ottica fisica che impedisce di veder chiaro in certe circostanze. È difficile, insomma, anche se non impossibile, fare luce sulla luce.

Un altro fenomeno esibito dalla luce e da tutte le onde che oscillano trasversalmente è la polarizzazione. Si dice che una luce è polarizzata (linearmente) quando le onde trasversali oscillano sempre nello stesso piano. Utilizzando opportuni filtri, detti polarizzatori, posso polarizzare qualsiasi tipo di luce. Poiché per fare ciò non si devono far passare tutte le altre oscillazioni, l'intensità della luce stessa verrà automaticamente ridotta: questo è quello che fanno alcune lenti per occhiali da sole. Se una luce polarizzata, diciamo verticalmente, attraversa un secondo filtro polarizzatore che fa passare le oscillazioni verticali, avanzerà indisturbata, ma se incontra un secondo filtro polarizzatore che lascia penetrare solo le oscillazioni orizzontali, non può procedere e il risultato sarà un buio più o meno completo.

Molte luci naturali sono polarizzate, perché nascono così o perché si sono polarizzate in seguito agli ostacoli che hanno incontrato sul loro cammino. I nostri occhi non sono fatti per vedere direttamente la polarizzazione della luce, ma esistono alcuni animali, soprattutto volatili, sensibili alla polarizzazione della luce che li avvolge, a sua volta legata alla posizione del Sole nel cielo, e spesso possono utilizzare questa informazione per distinguere sfumature a noi invisibili, allo scopo di raggiungere certi obiettivi o per orientarsi in volo.

# L'elettricità

Abbiamo già detto che la forza elettromagnetica è una delle quattro forze fondamentali dell'universo, e ormai abbiamo una grande familiarità con i fenomeni elettrici e magnetici. Ma si è dovuto attendere il XVIII secolo per poter toccare con mano alcuni fenomeni elettrici e ancora di più per condurli al nostro servizio. Abbiamo anche già spiegato perché: la materia ordinaria è elettricamente neutra perché le cariche microscopiche positive e negative contenute nella materia stessa si bilanciano e si annullano reciprocamente. Per avere una carica elettrica occorre «sbilanciare» qualche frammento di materia, strappandogli qualche carica, di solito negativa, rappresentata dagli elettroni. Si ha poi una corrente solo quando alcune di tali cariche messe a nudo cominciano a muoversi. Nel sistema internazionale che stiamo seguendo la carica elettrica si misura in coulomb (C), ma la sua definizione deriva da quella di corrente elettrica, l'ampere (A). L'ampere è descritto a sua volta come l'intensità di corrente elettrica che, se mantenuta in due conduttori (fili) lineari paralleli di lunghezza infinita posti alla distanza di un metro l'uno dall'altro nel vuoto, produce tra questi una forza di $2 \times 10^{-7}$, 2 decimilionesimi di newton per metro di lunghezza. Ebbene, 1 coulomb è la carica spostata in 1 secondo da una corrente di 1 ampere.

1 coulomb corrisponde anche alla carica elettrica di 6,24 $\times 10^{18}$, cioè miliardi di miliardi di elettroni.

Dobbiamo notare subito che mentre di materia possiamo averne quanta ne vogliamo, per esempio per verificare la legge di gravitazione, per avere una certa carica elettrica occorre collezionare un determinato numero di particelle: elettroni, ioni negativi o ioni positivi, e non c'è alternativa. La carica elettrica si associa solo a questi componenti elementari della materia o a loro piccoli aggregati. La massa non ha un'antimassa che annulli la forza di gravitazione – a quella non c'è schermo – mentre le cariche elettriche compaiono con due diversi tipi di segno, positivo o negativo. Quelle dello stesso segno si respingono, mentre se sono di segno opposto si attraggono. Esiste quindi una «qualità» nella carica che si aggiunge alla misura del suo valore. Ciò contrasta nettamente con il comportamento solo attrattivo della massa, e spiega perché non ci siamo accorti dell'esistenza dell'elettricità se non in tempi relativamente recenti. Le cariche positive e negative, costitutivamente presenti nella materia, si attraggono e per così dire si annullano a vicenda, mentre niente di simile accade con la massa, che anzi si accumula e si somma.

L'esistenza di cariche elettriche di segno opposto, per giunta facenti parte del tessuto stesso della materia, fa in modo che non si crei per la carica elettrica il problema delineato da tempo nell'ambito della gravitazione; dal momento che questa forza è solo attrattiva, perché a lungo andare la materia non si concentra tutta in una qualche regione dello spazio? La risposta a tale domanda risiede nel movimento: la velocità con la quale i pianeti, per esempio, si muovono in cerchio intorno al Sole non permette loro di cadergli addosso. La forza centrifuga proveniente dal movimento bilancia l'effetto della forza attrattiva, cioè centripeta, della gravità, ma l'energia cinetica di quelli a poco a poco decade, e ci si potrebbe trovare di fronte a un improvviso collasso di tutte le masse in un punto o in una supermassa ruotante. C'è però anche il movimento di tutti gli astri a seguito dell'espansione dell'universo, movimento intrinseco e destinato a contrastare il possibile collasso gravitazionale delle masse dell'universo.

Il nome elettricità deriva dalla parola greca *élektron* che designa l'ambra. Gli antichi greci sapevano infatti che, sfregando un oggetto d'ambra con un panno, si poteva ottenere che quello attirasse minuscoli oggetti, come piccoli frammenti di sughero o di carta. Evidentemente lo sfregamento produceva, e produce, il distacco temporaneo di qualche carica elettronica dagli atomi della superficie che divenivano sede di cariche superficiali; d'altra parte è noto che le cariche tendono a portarsi sulla superficie degli oggetti carichi. Con operazioni del genere si può transitoriamente accumulare una certa quantità di elettricità su un oggetto e studiarne gli effetti.

Due cariche elettriche si attirano secondo la legge di Coulomb, formalmente molto simile alla legge di gravitazione: la forza tra le due cariche è uguale al prodotto delle cariche diviso per il quadrato della loro distanza, a meno di una costante, che è $1/4\pi\varepsilon$, con $\varepsilon$ detta costante dielettrica, che dipende dal mezzo in cui si trovano le cariche. La costante dielettrica del vuoto è rappresentata con $\varepsilon_0$. Questa formula fornisce l'intensità della forza stessa, che è rappresentata da un vettore la cui direzione coincide con la congiungente delle due forze. Non è una forza piccolissima: due cariche elementari presenti in un atomo si attraggono con una forza che è circa $10^{39}$, mille miliardi di miliardi di miliardi di miliardi di volte più potente dell'attrazione gravitazionale tra le loro masse. La forza gravitazionale è infatti la più debole delle quattro forze fondamentali dell'universo, mentre quella elettromagnetica è la seconda per intensità.

Una delle due cariche, diciamo la più grande, crea intorno a sé un campo, detto campo elettrico, che può essere esplorato con una serie di cariche «sonda» con le quali misurarne l'effetto punto per punto. In ogni punto si può calcolare quindi l'effetto che la carica centrale fa o farebbe su una carica unitaria. Questo campo elettrico, detto di solito *E*, si ottiene quindi dividendo punto per punto l'effetto derivante dalla legge di Coulomb per l'entità della seconda carica. Un campo elettrico è definito dai valori di *E*, un vettore come *F*, in ogni suo punto.

Come nel caso della gravitazione, è possibile tracciare le superfici equipotenziali del campo elettrico e le corrispondenti linee di forza perpendicolari a quelle in ogni loro punto. Le linee di forza possono anche essere immaginate come traiettorie potenziali di piccole cariche sonda che si avvicinano, se di segno opposto, o si allontanano, se dello stesso segno, dalla carica che genera il campo. Approfittando di particolari condizioni sperimentali, alcune di queste linee possono pure essere visualizzate. Si può raffigurare l'intero spazio coperto dalla rete di superfici equipotenziali e linee di forza, e, adottando opportune convenzioni, avere una rappresentazione visiva davvero eloquente di tutto ciò che c'è da sapere sul campo in questione. Ovviamente le superfici equipotenziali e le linee di forza sono immaginarie, ma il campo elettrico a cui sono associate no. E si estende per tutto lo spazio, anche se con la distanza si affievolisce di molto. Quello che chiamiamo spazio, e talvolta spazio vuoto o semplicemente vuoto, è in realtà pieno di campi di ogni tipo, specie oggi che abbiamo moltiplicato a dismisura le potenziali sorgenti. Tutti i corpi, dal più piccolo al più grande, cadono perché «sentono» il campo gravitazionale terrestre, e le acque del mare anche quello lunare.

Sia il campo gravitazionale che quello elettrico si affievoliscono come il quadrato della distanza dalla carica che li genera. Si estendono cioè all'infinito ma con un rapido decadere con la distanza che figura al quadrato, cioè distanza$^2$. Il 2 dell'esponente è un numero e abbiamo visto che in tutta la fisica i numeri sono sempre approssimati, diciamo 2 ±0,002. Ma in questo caso non è così, il 2 che compare in queste formule è proprio un 2, senza approssimazioni, e distanza$^2$ vuol significare il risultato dell'operazione di moltiplicare la distanza per se stessa. Innumerevoli esperimenti sono stati eseguiti per determinare tale valore, ma hanno dato tutti lo stesso risultato, come nel caso dell'identità fra massa inerziale e massa gravitazionale. Questo esponente non è con ogni evidenza il valore di una grandezza da determinare sperimentalmente, bensì una sorta di non numero. In fisica, perché in matematica non c'è problema.

Si può dimostrare che il campo elettrico $E$ è conservativo come quello gravitazionale, il che significa che l'energia vi si conserva. In particolare, andare da un punto a un altro di quello richiede la stessa energia, cioè lo stesso lavoro, qualunque sia il percorso fatto, e una traiettoria chiusa su se stessa non richiede alcuna energia per essere percorsa. Questo fatto di importanza capitale si può anche formalizzare introducendo il potenziale elettrico $V$, esistente in ogni punto del campo stesso. Così il lavoro fatto per portare una carica $q$ da un punto A a un punto B è dato dal prodotto di $q$ per la differenza del valore del potenziale nel punto B di arrivo, cioè $V_B$, meno quello nel punto A di partenza, cioè $V_A$. Una differenza di potenziale nulla non sposta nulla, mentre una differenza di potenziale diversa da zero è quello che spinge le cariche elettriche a muoversi in un campo, o lungo un conduttore. È forse inutile dire che la differenza di potenziale si misura in volt (V): tra due punti di un campo elettrico esiste una differenza di potenziale di 1 volt quando è necessario compiere il lavoro di 1 joule per spostare 1 coulomb di carica dall'uno all'altro dei due punti. Un lavoro diviso il tempo in cui viene compiuto dà la potenza, misurata in watt (W). La potenza è una misura di quanto si consuma in un apparecchio domestico, rappresentato anche da una semplice lampadina, ma anche di quanta corrente elettrica si genera in una centrale elettrica.

Abbiamo detto, d'altra parte, che una carica elettrica che attraversa un conduttore in un secondo dà, per definizione, una corrente *i* di 1 ampere. Da ciò risulta che 1 watt è 1 volt per 1 ampere, ovvero la potenza sviluppata in un circuito è data dal prodotto del voltaggio per il suo amperaggio. Quando paghiamo la bolletta paghiamo l'energia consumata, ovvero la potenza per il tempo dell'utenza, watt moltiplicato per secondo o, più spesso, kilowatt moltiplicato per ore, abbreviato in kilowattora, come dire voltaggio per amperaggio per la durata del tempo del consumo. Da notare che per aumentare la potenza a disposizione in un circuito potrei incrementare tanto il voltaggio quanto l'amperaggio, perché la potenza è data dal loro prodotto. Ma non sarebbe la stessa cosa, a causa del cosiddetto effetto Joule, per il quale un circuito percorso da una certa corrente *i*, dissipa un calore proporzionale al quadrato della corrente stessa, cioè $i^2$. Non conviene quindi tenere alta la corrente, perché si sprecherebbe molto in calore, la cui produzione può inoltre essere indesiderata, ma nei limiti del possibile è opportuno tenere alto il voltaggio. Le linee elettriche che portano la corrente attraverso il territorio sono infatti tutte ad alta tensione, cioè ad alto voltaggio.

Con tutto questo siamo entrati direttamente nel campo delle correnti e dei circuiti. Dove scorrono le correnti? Ovviamente nei conduttori filiformi che sono quasi sempre metallici, mentre le sostanze non metalliche sono in genere isolanti elettrici o dielettrici. I metalli sono conduttori perché contengono uno sciame di elettroni relativamente liberi, detti elettroni di conduzione, i quali, quando sono sottoposti a una differenza di potenziale, si spostano generando una corrente, che sarà tanto più forte quanto maggiore sarà la differenza di potenziale applicata e quanto minore sarà la resistenza opposta dal conduttore. Tale affermazione costituisce anche la legga di Ohm: la resistenza di un conduttore o di un circuito è data dal rapporto fra la differenza di potenziale applicata e la corrente prodotta. L'unità di misura è rappresentata dall'ohm (Ω): un circuito possiede la resistenza di 1 ohm se viene percorso dalla corrente di 1 ampere quando è sottoposto alla differenza di potenziale di 1 volt. L'inverso di una resistenza si può indicare con il termine conduttanza e il siemens (S) è la sua unità di misura.

La resistenza di un conduttore dipende dal materiale di cui è fatto, ed è proporzionale alla sua lunghezza e inversamente proporzionale alla sua sezione: più è lungo, più resistenza oppone, più è largo, meno resistenza oppone. La sua resistenza intrinseca unitaria prende il nome di resistività. In molti metalli, come il gallio e lo zinco, la resistività crolla a valori bassissimi a basse temperature, anche vicine allo zero assoluto. Si parla in tal caso di superconduttori, che oppongono una resistenza bassissima, così che una corrente vi si mantiene per tempi ampissimi. La spiegazione del fenomeno è relativamente recente e non si basa sulle proprietà della materia studiate dalla fisica classica, ma occorre invocare osservazioni di fisica quantistica. Sono utilizzati spesso negli avvolgimenti delle bobine magnetiche, che possono essere miniaturizzate, presenti per esempio negli apparecchi per la risonanza magnetica o nei grandi acceleratori di particelle.

Esistono poi materiali, primo fra tutti il silicio, che si comportano come semiconduttori, ovvero fanno passare la corrente a comando sotto il controllo di opportune condizioni per esempio in una direzione, ma non nell'altra. Questi vengono impiegati in minuscoli dispositivi raddrizzatori, transistor, LED (*light emitting diode*) e microcircuiti logici, detti comunemente microchip o semplicemente chip. Le loro proprietà sono facilmente modellabili inserendo adeguate impurità nel materiale di partenza. Si parla spesso in questo caso di *doping*. Praticamente tutta l'informatica e le telecomunicazioni sono tenute in piedi dall'esistenza di semiconduttori dei vari tipi, che hanno permesso la miniaturizzazione di qualunque dispositivo.

Ritorniamo ai circuiti. Le nostre case sono piene di circuiti elettrici, e circuiti grandi e piccoli si trovano in ogni macchina e in ogni apparecchio. Ciascun circuito conterrà un generatore di differenza di potenziale e uno o più apparecchi utilizzatori, che possono anche essere semplici lampadine, dove si dissipa energia. Conterranno in genere anche un certo numero di «resistenze», componenti a resistenza calibrata dai valori fissi o variabili a piacere. Alcuni circuiti possono avere una maglia unica, che deve necessariamente essere percorsa da tutta la corrente che vi circola, oppure più maglie e più nodi, così che la corrente vi si debba ripartire. Nel primo caso si parla di configurazione in serie, nel secondo di configurazione in parallelo. Le resistenze in serie si sommano le une alle altre, mentre in una configurazione in parallelo si sommano le conduttanze, cioè l'inverso delle resistenze.

Non è difficile studiare le caratteristiche dei circuiti sulla base di alcune leggi fondamentali, dette leggi di Kirchhoff. La prima dice che in ogni nodo del circuito la somma delle correnti in entrata deve essere uguale alla somma di quelle in uscita. Il principio fisico che ci sta dietro è ovviamente la conservazione della carica elettrica. La seconda afferma che la somma algebrica delle differenze di potenziale applicate a un circuito chiuso, cioè a ciascuna maglia della rete, deve essere zero. Non ci deve essere quindi alcuno sbilanciamento di tensione, né in un senso né nell'altro. Molti dei circuiti utilizzati oggi sono microcircuiti, caratterizzati da dimensioni a volte davvero minuscole.

# Magnetismo ed elettromagnetismo

L'esistenza di magneti naturali è conosciuta da secoli perché ai greci antichi era nota la magnetite, materiale ferroso proveniente da Magnesia al Meandro, città della parte ionica dell'Asia Minore. Niente però poteva far pensare che ci fosse una relazione tra le proprietà magnetiche di questo materiale e i fenomeni elettrici. Un magnete naturale, detto spesso calamita, ha due poli, chiamati in genere nord e sud, in modo che un polo sud attrae un polo nord e respinge un altro polo sud. A differenza delle cariche elettriche dei due segni, i poli di un magnete non possono essere separati. Se si spezza una barra magnetica, le due barrette ottenute riformeranno immediatamente il loro polo sud e il loro polo nord. Non esiste infatti, almeno fino a oggi, un polo magnetico isolato, cioè un cosiddetto monopòlo magnetico.

Anche i poli magnetici attraggono altri poli con una forza inversamente proporzionale al quadrato della distanza. Il campo magnetico o, meglio, l'induzione magnetica $B$, misurata in tesla (T), esercita la forza corrispondente. Un campo del genere ha superfici equipotenziali e linee di forza che escono convenzionalmente da un polo nord ed entrano in un polo sud, percorrendo cioè l'immaginario tragitto di un piccolo polo nord in funzione di sonda. Tali campi possono essere rappresentati quindi come i campi elettrici, tenendo conto del fatto che non lontano da un polo sud si troverà inevitabilmente un polo nord. Molte linee di forza convergeranno perciò sull'altro polo, come si può agevolmente osservare cospargendo una superficie di limatura di ferro e accostandoci con cura i due poli di una calamita.

Una barretta magnetizzata abbastanza leggera o sospesa in varie maniere si orienta spontaneamente con il suo polo sud verso il Nord geografico della Terra, costituendo il nucleo di una bussola, prezioso strumento di navigazione. Ciò è dovuto al fatto che la Terra ha un suo magnetismo, con un polo nord non distante dal Nord geografico. Si ritiene che ciò sia dovuto a masse metalliche semifluide presenti nelle viscere del pianeta, a circa 3000 chilometri di profondità, e tenute in rotazione dal moto di rotazione della Terra su se stessa. In realtà, nel tempo il polo nord magnetico si sposta leggermente, al momento verso nordovest, ma si mantiene sempre nelle vicinanze del Nord geografico. I fossili ci dicono però che in passato il campo magnetico terrestre ha subìto una serie di vere e proprie inversioni di polarità, che hanno lasciato qualche traccia. La teoria di Alfred Wegener sulla deriva dei continenti ha tratto profitto anche da osservazioni come queste. Sembra infine che alcuni animali siano sensibili a qualche aspetto del magnetismo terrestre e utilizzino questa loro facoltà per orientarsi, anche se non si sa ancora bene come.

Il primo a scorgere una relazione tra fenomeni elettrici e magnetici fu il danese Hans Christian Ørsted nel 1820. Osservò che in vicinanza di un filo elettrico percorso da una corrente continua l'ago della bussola si spostava in un verso, mentre quando invertiva la direzione della corrente nel filo si spostava nell'altro. Quindi una corrente elettrica genera un campo magnetico, per quanto debole. Dal conduttore attraversato dalla corrente emana un campo magnetico perpendicolare con linee di forza concentriche con il filo stesso che può influenzare l'inclinazione dell'ago della bussola. L'intensità e la direzione di tale campo sono date dalla legge di Biot-Savart, che riguarda un conduttore infinitamente lungo percorso da una corrente. Alla distanza $d$ dal filo, il campo $B$ è dato dall'intensità della corrente diviso $2\pi d$, tutto moltiplicato per $\mu$, la permeabilità magnetica del mezzo che circonda il filo stesso. La direzione del campo è data dalla regola della mano destra: se il pollice indica la direzione della corrente, le altre dita chiuse indicano la direzione e il verso del campo. Come dire che se immaginiamo di stare in piedi su un pavimento con la corrente che ci attraversa dai piedi alla testa, vediamo il campo $B$ generato giacere sul pavimento e ruotare in senso antiorario.

Se l'esperimento avviene nel vuoto si utilizzerà $\mu_0$, la permeabilità magnetica del vuoto. Il valore di $\mu$ da usare in ogni altro mezzo è dato convenzionalmente da $\mu_r\mu_0$, con $\mu_r$ a indicare il valore della permeabilità magnetica relativa del mezzo in questione. Il valore di $\mu_r$ è più o meno uguale a 1 in tutti i mezzi, fuorché nei materiali cosiddetti ferromagnetici dove è molto alto. Il motivo per cui esistono magneti naturali è proprio questo: alcuni materiali si magnetizzano davvero molto e possono rimanerlo a lungo.

Consideriamo ora una spira, cioè un conduttore a forma circolare di raggio $r$ percorso da corrente. Questo genererà un campo magnetico che al suo asse centrale assume il valore dato dall'intensità di corrente divisa per $2\pi r$ e moltiplicato al solito per $\mu$. Se invece di una singola spira si considera un solenoide, cioè una bobina a forma di molla, con $n$ spire e lungo $L$, il campo $B$ prodotto sarà dato da $\mu$ moltiplicato per $n$ volte l'intensità della corrente diviso $L$. Per quanto riguarda il verso di $B$, la sua definizione è semplice e deriva dalla domanda: nelle spire la corrente gira in senso orario? Se la risposta è affermativa, si avrà un polo sud verso di noi, mentre se è negativa, si avrà un polo nord. Il verso in questione si poteva anche desumere da regole già date in precedenza, ma quest'ultima è semplicissima e facile da ricordare.

I magneti non naturali sono prodotti proprio in questo modo. Si fa passare una corrente elettrica in una bobina avvolta su un'anima di materiale ferromagnetico e si ottiene a comando un potente magnete o, meglio, elettromagnete, tanto più efficiente quanto più alta è la corrente che vi circola e più elevata è la permeabilità magnetica del materiale ferromagnetico usato. È a proposito di una bobina come questa che si è parlato sopra dell'uso di materiali superconduttori. Se la bobina è fatta di tali materiali si possono ottenere correnti molto alte, e quindi campi magnetici molto alti, con relativamente poco sforzo e contenendone le dimensioni.

Una corrente elettrica, cioè una carica in movimento, genera quindi un campo magnetico. Ma è vero pure il contrario? Sì, ed è anche per questo che si parla di elettromagnetismo invece che di elettricità e di magnetismo separatamente. Immaginiamo un circuito elettrico immerso in un campo magnetico. Finché tutto sta fermo non succede niente, ma se per qualsiasi motivo varia il campo magnetico che il circuito intercetta, il circuito sarà sottoposto a una certa differenza di potenziale proporzionale alla velocità del cambiamento e vi potrà circolare una corrente elettrica. È questa la celeberrima legge di Faraday, scoperta dall'inglese Michael Faraday, il cui corollario detto legge di Lenz, scoperta dal russo Heinrich Lenz, dice che nel circuito la corrente girerà nel verso in grado di generare un campo magnetico che rinforzi quello esterno, se questo va diminuendo, o si opponga a esso, se questo va aumentando. Il verso della corrente sarà insomma quello che tende a opporsi al cambiamento che genera il fenomeno. Succede abbastanza spesso che le leggi di natura implichino un processo di compensazione, cioè la tendenza al mantenimento dello status quo. Il fenomeno, che lega ancora più strettamente magnetismo ed elettricità prende il nome di induzione elettromagnetica. In conclusione, un movimento di cariche genera un campo magnetico e una variazione di campo magnetico genera una corrente elettrica. La chiave è, in entrambi i casi, la variazione di una grandezza nel tempo.

Quello che il circuito elettrico «vede» del campo magnetico è in realtà il suo flusso attraverso una superficie che ha il circuito stesso come perimetro. La variazione di campo generatrice della corrente può essere quindi una vera e propria variazione del campo magnetico in cui è immerso il circuito, oppure uno spostamento del circuito stesso in tale campo magnetico. Tale spostamento può anche essere una rotazione della spira del circuito nel campo in cui è immerso. Ovviamente la rotazione può essere continua, sostenuta da un motore. È questo il principio di un alternatore, un generatore di corrente alternata, la quale circola avanti e indietro nella spira stessa. Utilizzando un identico principio e facendo andare le cose a ritroso si può ottenere un motore elettrico, che trasforma le ondate della corrente alternata in movimento e lavoro.

Se una struttura quadrata o a ciambella di materiale ferromagnetico possiede due avvolgimenti, cioè da una parte c'è una bobina percorsa da una certa corrente, e dall'altra c'è un'altra bobina, si ha invece un trasformatore. Il passaggio della corrente alternata nel primo circuito, detto induttore, genera automaticamente il passaggio di corrente nel secondo circuito, detto indotto, per induzione elettromagnetica. Se il numero delle spire dei due avvolgimenti è uguale, nel secondo circuito passerà una corrente uguale. Se il primo circuito ha 20 volte più spire del secondo, in quest'ultimo si avrà una corrente 20 volte inferiore, ed è vero anche il contrario: se il primo circuito ha 50 volte meno spire del secondo, quest'ultimo sarà percorso da una corrente 50 volte superiore a quella del circuito induttore.

Tutto quello che abbiamo detto sull'elettromagnetismo è stato riassunto da James Clerk Maxwell nelle sue famose quattro equazioni del 1865. Siamo in presenza di una delle massime conquiste della mente umana, un capolavoro di sintesi e di astrazione. Riassumere infatti tutto quello che abbiamo detto in quattro semplici ed eleganti equazioni non poteva che richiedere l'ingegno di un genio. D'altra parte abbiamo già incontrato Maxwell nel trattare un altro monumento della scienza ottocentesca: la meccanica statistica, non creata dal nulla dal nostro autore, ma portata da lui a livelli di assoluta eccellenza e completezza. Anche nel caso dell'elettromagnetismo, Maxwell ha ereditato una grande mole di conoscenza, specie per merito di quel genio sperimentale che era Faraday, ma il lavoro di sintesi è stato suo.

Non riporto le quattro equazioni perché la loro caratteristica più bella, la concisione e la grande eleganza non potrebbero rifulgere, dato l'impegno che ho preso con me stesso di non mostrare formule. Del resto, chi le vuole vedere le può trovare dappertutto, non ultimo in Rete, e dal punto di vista del contenuto fisico non aggiungono niente a quanto ho esposto negli ultimi due paragrafi. Basti dire che due di esse descrivono proprietà intrinseche del campo elettrico e di quello magnetico, e le altre due legano i valori del campo magnetico connessi con una variazione temporale del campo elettrico, e corrispettivamente i valori del campo elettrico, connessi con una variazione temporale del campo magnetico. Tutto qui, ma quale ricchezza e fecondità! Nella scienza capita spesso che certi problemi sembrino a lungo insolubili, se non risolvibili invocando ipotesi molto astruse, ma quando poi si trova la soluzione, quella ci pare semplicissima. È sempre successo e probabilmente riaccadrà in futuro.

Le quattro equazioni sono abbastanza simmetriche tra loro, ma non completamente. L'asimmetria deriva dal fatto che nell'ambito dell'elettricità esistono cariche isolate e correnti, mentre per quanto riguarda il magnetismo non si conosce niente del genere. Nonostante questa asimmetria, le equazioni di Maxwell sono ritenute dai più molto belle.

Anzi, molti sono convinti che, per essere vere, le formule e le relative equazioni devono essere belle. A Einstein e a Dirac sono state anche attribuite varie affermazioni secondo le quali un'equazione bella deve anche essere per forza vera. Non sono d'accordo con questa linea di pensiero. In primo luogo perché nessuno è in grado di definire il concetto di bellezza, mentre quanto alla verità va meglio, anche se non benissimo, come abbiamo visto. In secondo luogo una teoria scientifica, o un'equazione, dev'essere innanzitutto vera; se poi ci appare anche bella, tanto di guadagnato!, ma il criterio di bellezza non può sostituire quello di verità o, semplicemente, di dimostrabilità.

Quali sono i nostri criteri di bellezza, o di eleganza, per un'equazione, sintesi simbolica di una teoria fisica? Innanzitutto la semplicità, poi la compattezza e infine, se c'è, la simmetria. Le equazioni di Maxwell sono semplici, mirabilmente compatte e abbastanza simmetriche, ma se non fossero vere le potremmo al massimo scrivere su un foglio da appendere al muro con intento decorativo. Il loro autentico pregio è che sono vere!

Possiedono anche, per essere onesti fino in fondo, una loro immensa simmetria potenziale. L'elettricità e il magnetismo sembrano separati e uniti dal movimento, cioè da una velocità relativa, e questo ricorda da vicino il principio di relatività, che abbiamo già visto e che ritroveremo. Potrebbero insomma essere due forme dello stesso fenomeno fisico, inserito in un sistema di riferimento invece che in un altro. Questa simmetria potenziale rivela tutta la sua forza proprio nel trattamento relativistico di questi fenomeni, dove le quattro equazioni verranno riassunte in una sola. La scienza insomma procede per sintesi successive e approfondimenti chiarificatori: un numero sempre maggiore di fenomeni viene ricondotto sotto lo stesso principio ordinatore. Molti pensano che le leggi di Dio, se esistono, devono essere semplici e unificanti.

Combinando tra loro le sue equazioni, Maxwell dimostrò

altresì che i campi elettrico e magnetico potevano propagarsi come onde con una velocità nel vuoto pari all'inverso della radice quadrata di $\varepsilon_0\mu_0$. Tale velocità è numericamente uguale alla velocità della luce *c*! Abbiamo già anticipato che la radiazione elettromagnetica di cui fa parte la luce si propaga come un'onda trasversale nella quale il campo elettrico e quello magnetico si trovano su piani perpendicolari e oscillano come un'onda sinusoidale. Ma questo ai tempi di Maxwell non era noto e grande fu la sorpresa del mondo quando egli poté mostrare che la propagazione della luce discendeva naturalmente dalla soluzione delle sue equazioni. Ci volle l'ingente lavoro di Heinrich Hertz e anche del nostro Augusto Righi per cogliere sul fatto la natura elettromagnetica delle onde, tanto quelle luminose quanto quelle radio, prodotte infine su larga scala e a comando da Guglielmo Marconi. Eccoci di fronte a una triplice unificazione: elettricità, magnetismo e fenomeni luminosi, un'impresa veramente eccezionale e autenticamente immortale!

Un'onda elettromagnetica trasporta evidentemente energia e una radiazione molto intensa può anche provocare alcune modificazioni a carico dei materiali sui quali incide, soprattutto se si tratta di radiazione laser. La radiazione laser, e in particolare la luce laser, sono fasci particolarmente concentrati di radiazione monocromatica e coerente, avente cioè tutta la stessa frequenza e anche la stessa fase. Il raggio laser può forare e tagliare.

Per completare lo studio dei fenomeni elettromagnetici occorre adesso introdurre un'ultima legge, quella che definisce la forza di Lorentz, dal nome del fisico olandese Hendrik Lorentz: il campo magnetico esercita una specifica forza su una carica elettrica in movimento. L'intensità di questa forza è data dal prodotto della carica per la sua velocità e per il campo magnetico stesso, se questo è perpendicolare alla velocità della carica. E la direzione e il verso? La direzione è perpendicolare sia al campo sia alla velocità della carica; il suo verso si può determinare osservando la nostra mano destra con tre dita aperte. Se la velocità è orientata come il medio e il campo magnetico come l'indice, la forza è orientata come il pollice quando la carica è positiva, o nel verso opposto quando la carica è negativa.

In un campo magnetico una carica in movimento si orienta nel piano perpendicolare al campo stesso spostandosi in un'orbita circolare con un moto circolare uniforme. Così le particelle cariche sono indotte a girare vorticosamente in un ciclotrone o altro tipo di acceleratore di particelle.

Un effetto particolare della forza di Lorentz si può riscontrare ponendo l'uno vicino all'altro due fili percorsi da una corrente. Un filo elettrico percorso da corrente genera, infatti, un campo magnetico; se parallelo al primo c'è un altro filo elettrico percorso anch'esso da corrente, quest'ultimo subirà la forza di Lorentz del campo generato dal primo filo e si sposterà perpendicolarmente alla sua lunghezza. Basta fare due conti per verificare che i due fili si attrarranno se sono percorsi dalla corrente nello stesso verso, mentre si respingeranno se le due correnti hanno verso opposto. In questa maniera si può osservare un'interessante combinazione di numerose cose appena ribadite. Abbiamo visto anche che proprio questo fenomeno è alla base della definizione dell'unità di misura della corrente elettrica, l'ampere.

Resta infine da spiegare il magnetismo naturale. Alcuni materiali sono ferromagnetici, mentre tutti gli altri sono paramagnetici o diamagnetici. Tutti possiedono al loro interno minuscoli magneti prodotti dalla rotazione degli elettroni negli atomi, ma questi piccoli campi magnetici contenuti nei corpi sono molto diversi da un caso all'altro per intensità e orientamento. Sottoposti a un campo magnetico esterno, quelli dei materiali ferromagnetici e paramagnetici si allineano con il campo stesso, mentre quelli dei materiali diamagnetici vi si oppongono. Come risultato, la permeabilità magnetica relativa $\mu_r$ sarà abbastanza alta nei materiali ferromagnetici, poco più di 1 nei materiali paramagnetici e poco inferiore a 1 nei materiali diamagnetici. I materiali ferromagnetici sono ampiamente utilizzati come costituenti del nucleo negli elettromagneti artificiali e alcuni, come la magnetite, costituiscono magneti naturali perché il loro magnetismo interno è permanente o quasi.

Il magnetismo è quindi sempre e comunque generato da correnti elettriche, magari microscopiche.

# Il mondo dell'infinitamente piccolo e quello dell'immensamente grande

# Le grandi rivoluzioni

Quanto abbiamo esposto fino a questo punto appartiene al dominio della cosiddetta fisica classica, che raggiunge il suo culmine nell'ultimo decennio dell'Ottocento. Tutto sembra spiegato e si cominciano ad avere rapporti anche con il folletto della fisica atomica, l'elettrone. Si narra che più o meno in quel periodo il futuro grande fisico tedesco Max Planck andò dal suo professore per chiedere una tesi di dottorato. Costui gli disse: «So che lei suona molto bene il piano. Perché non si dedica a una carriera di concertista invece di fare il fisico? Tanto in fisica non c'è più niente da spiegare». Si era chiarito infatti quasi tutto, dalla meccanica alle onde elettromagnetiche, con gli ultimi importanti trionfi della meccanica statistica, che fornì una solida e soddisfacente base alla termodinamica. Ma la situazione cambiò improvvisamente. Un intero nuovo mondo ci si rivelò, e dovette essere studiato. Così è stato fatto negli ultimi 110 anni.

Volendo ci si sarebbe potuti accorgere che c'era dell'altro. L'esistenza di tante specie viventi ci poteva far sospettare che ci fosse stato un tempo veramente immenso dietro di noi; il fatto che la notte il cielo fosse nero poteva indurci a pensare all'espansione dello spazio, forse; le prime nozioni di fisiologia cellulare potevano farci congetturare che esistesse un intero mondo del piccolo; l'esistenza dei materiali magnetici poteva dischiudere le porte a qualcosa di ancora più piccolo; l'osservazione delle stelle nel cielo poteva spingerci a comprendere che ci fosse qualcosa di grandissimo; e l'energia del Sole da dove mai poteva provenire? Potremmo continuare l'elenco... ma questo è il senno di poi. Di fatto non ci si pensò o non ci si volle pensare. Questa è in fondo la vera differenza fra la speculazione teorica, anche geniale, e la ricerca sperimentale.

Infatti secondo alcuni tutto partì da una curva di dati sperimentali che non si riusciva a spiegare, quella delle radiazioni emesse da un «corpo nero». Il corpo nero è una delle tante astrazioni della fisica. Si tratta di un corpo che assorbe tutte le radiazioni che lo raggiungono, non riemettendone alcuna. Anche se siamo di fronte a un'idealizzazione, si possono concepire condizioni sperimentali che vi si avvicinano, per esempio costruendo una cavità chiusa tenuta a temperatura costante che possiede un solo piccolo forellino per studiarne l'emissione. Mediante tale approssimazione si poté misurare l'energia emessa dal corpo nero alle varie frequenze. Il problema fu che tale profilo d'emissione non poteva essere assolutamente spiegato con la teoria allora vigente e che si era dimostrata valida per molti altri fenomeni. Un problema fra i problemi era che a temperature notevolmente elevate l'irraggiamento alle frequenze più alte tendeva all'infinito, una condizione nota come «catastrofe dell'ultravioletto». E ciò non poteva essere.

Al volgere dell'Ottocento Max Planck cominciò a lavorare sugli aspetti teorici dello spettro in questione, e nel 1900, all'alba del nuovo secolo, propose una spiegazione che doveva rivelarsi rivoluzionaria, producendo un vero e proprio sconvolgimento delle conoscenze della fisica classica. Per interpretare i dati ricorse a un espediente, una sorta di «trucco» matematico, secondo il quale gli atomi non emettevano e assorbivano energia in maniera continua ma solo in «pacchetti» discreti chiamati quanti, che portavano una quantità discreta di energia risultante dal prodotto della frequenza per una costante universale, *h*, da lui detta costante di Planck. Era convinto, e lo rimase a lungo, che questo fosse appunto solo un espediente, una finzione matematica valida unicamente per far tornare i conti: non pensò mai che i quanti fossero una realtà e che nell'infinitamente piccolo l'energia viene portata e scambiata solo in «granuli» portanti una specifica energia. Se $f$ è la frequenza di una radiazione, questa è costituita di un numero finito di granuli con un'energia di $hf$. Questi granuli vennero successivamente battezzati fotoni, e da allora hanno sempre popolato il mondo della scienza dalla scala più grande alla più piccola. Diciamo di passaggio che la costante di Planck, *h*, del valore di $6{,}626 \times 10^{-34}$ joule per secondo, è la terza costante universale che regge tutti i processi del mondo, alla pari della *G* della legge di Newton e della *c* che rappresenta la velocità della luce nel vuoto. Spesso invece di *h* si usa $\hbar$, che è uguale a $h/2\pi$ e vale $1{,}054 \times 10^{-34}$ joule per secondo.

L'emissione e l'assorbimento della radiazione avevano insomma una natura granulare discreta che contrastava nettamente con tutto quello che si era pensato precedentemente. Ma la radiazione aveva sempre una natura granulare discreta intrinseca? Sì. Toccò al talento di Albert Einstein, mirabile convergenza di genialità!, nel 1905 riprendere e approfondire la teoria dei quanti nell'ambito dei suoi studi sul cosiddetto effetto fotoelettrico. A determinate condizioni la radiazione elettromagnetica poteva espellere un elettrone dalla superficie di un metallo, effetto anche questo inspiegabile nei suoi dettagli con le conoscenze della fisica classica. Einstein ipotizzò allora che non solo gli atomi emettono e assorbono granuli discreti, battezzati quanti, di energia, ma è la stessa radiazione elettromagnetica a essere costituita di quanti. La radiazione elettromagnetica sarebbe quindi intrinsecamente quantizzata e la sua energia non distribuita in modo continuo, ma concentrata in granuli discreti di energia, i fotoni appunto. Se la quantità dell'energia è molto alta, ci si può anche non accorgere della sua quantizzazione intrinseca, se si abbassa però potrà contenere 3, 6 o 15 quanti, ma non 3,5 o 6,25 quanti; non può assumere insomma uno spettro continuo di valori.

L'aspetto granulare della luce fu confermato definitivamente qualche anno più tardi dallo studio del cosiddetto effetto Compton. Il fisico americano Arthur Holly Compton scoprì che i fotoni di alta energia potevano urtare un elettrone e dar luogo a un fenomeno assimilabile a quello della collisione tra due palle da biliardo, mostrando così di possedere un'energia e una quantità di moto specifici. Nel 1923 Compton pubblicò un resoconto del fenomeno e avanzò la spiegazione che la radiazione elettromagnetica fosse costituita sempre e comunque di granuli discreti e che questi, i fotoni, si possono comportare come singole particelle che urtano altre particelle. Il cerchio si chiuse poi quando di lì a poco fu proposta la natura ondulatoria dell'elettrone. Ma stiamo correndo troppo. Fermiamoci un attimo.

A questo punto si era già compiuto un altro formidabile sconvolgimento concettuale. Era cominciato insomma il secolo delle rivoluzioni senza ritorno. Abbiamo già notato che dopo aver abbandonato il sogno di occuparsi di tutto e di tutto e subito, l'impresa scientifica ha dovuto dolorosamente accettare il fatto che per comprendere talune realtà occorre rinunciare anche alla pretesa di farsene un'immagine mentale intuitiva. Come si è arrivati a tutto ciò? Il fatto è che l'uomo è voluto uscire dal proprio mondo, quello con il quale conversa da migliaia e migliaia di anni, e ha deciso di affrontare il troppo piccolo e il troppo grande, relativamente a lui, s'intende.

Da una parte ci sono gli atomi, più piccoli della milionesima parte di un millimetro, e le particelle elementari, assai più minuscole, che li compongono; dall'altra le stelle e le galassie, a proposito delle quali si ragiona in termini di milioni e miliardi di chilometri. Noi ci troviamo più o meno nel mezzo – anzi appena sopra al mezzo, come abbiamo visto – e abitiamo un mondo caratterizzato da oggetti le cui dimensioni vanno dal millimetro al chilometro, e che danno vita a eventi che spaziano dal secondo al decennio. Questo è anche il mondo nel quale si è sviluppata la vita sulla Terra. È naturale che tutti gli animali, e con loro l'uomo, siano in grado di percepire e comprendere facilmente gli eventi che hanno luogo a questa scala. Il nostro cervello è infatti capace di osservare e capire senza sforzo realtà che si misurano in termini di metri e di minuti. Non siamo invece altrettanto bravi a rappresentarci eventi che abbiano luogo a scale molto diverse e ci siamo anche stupiti, chissà mai perché, del fatto che la fisica atomica e subatomica ci abbiano dimostrato che gli atomi e le particelle subatomiche non sono solo oggetti considerevolmente più piccoli ma sono anche alquanto diversi, e che gli oggetti di grandi dimensioni che popolano le profondità dello spazio esibiscano comportamenti molto fuori dell'ordinario.

Il punto sconvolgente è che di tutto questo ci siamo resi conto quasi all'improvviso, nel breve volgere di trent'anni – i primi del secolo scorso. I decenni successivi non hanno fatto che peggiorare il quadro, costringendoci a sforzi d'immaginazione sempre più arditi e sempre meno conformi al modo di concepire le cose che ci viene naturale. Se alle impressionanti scoperte della fisica moderna aggiungiamo quelle della biologia, che ci obbliga nostro malgrado a pensare tutto in termini evoluzionistici, e delle neuroscienze, che suggeriscono l'assenza di un correlato neurale primario del Sé, non possiamo non comprendere il senso di smarrimento e di perdita dei riferimenti concettuali tradizionali che ha colto l'uomo a partire dall'inizio del Novecento. Ma questo è anche il fascino prepotente e rivoluzionario della scienza d'oggi. Che è quella di ieri nei metodi e molto, molto di più di quella di ieri nei contenuti.

Sappiamo che ai primi del Novecento era diffusa l'impressione che si fosse già scoperto tutto e spiegato quasi tutto, anche se qualcosa di nuovo era già nell'aria. Si era infatti appena affacciato alla ribalta l'elettrone, l'atomo di elettricità negativa, il folletto che regola interamente la nostra vita, la cui esistenza era stata ignorata fino a quel momento e che si presentava come un personaggio in cerca d'autore. A un tratto questo splendido edificio cominciò a traballare perché si constatò che i risultati di nuovi esperimenti non potevano essere spiegati con i principi noti e arciconfermati. La prima tentazione fu quella di pensare che fosse tutto sbagliato e tutto da rifare, e questo è purtroppo ciò che continuano anche oggi a sostenere molte persone, anche di cultura. La lettura giusta è invece un'altra. Le leggi della fisica dell'Ottocento, la cosiddetta fisica classica, valgono oggi come ieri per i fenomeni di un certo tipo, quelli che hanno luogo in sostanza nel quotidiano, alle scale dimensionali che ci sono più familiari. Per capire fenomeni differenti, riguardanti tempi e distanze notevolmente diverse, occorre invece sviluppare una nuova sapienza, una strategia concettuale e sperimentale adeguata che può anche non coincidere, e spesso non coincide, con quella classica che ci riesce relativamente facile comprendere e dominare.

Due lampi hanno attraversato a quei tempi il cielo della conoscenza. Il primo è stato la relatività, lanciata da Einstein nel 1905, lo stesso anno della sua spiegazione dell'effetto fotoelettrico. Nessuno se lo aspettava veramente ed è stato un autentico fulmine a ciel sereno. Che cosa ha mostrato Einstein?

Ha mostrato che un corpo che va molto, molto veloce si accorcia nella direzione del suo moto, e il suo orologio rallenta. Un orologio in corsa sembra insomma ridurre il ritmo dei propri battiti e l'entità di tale rallentamento cresce con il crescere della sua velocità. Se la velocità di un corpo, posto su un'astronave?, è pari per esempio all'80 per cento della velocità della luce, gli orologi in esso contenuti rallentano del 40 per cento e a ogni ora terrestre corrispondono solo 36 minuti. Se la velocità raggiunge l'86 per cento della velocità della luce, gli orologi segneranno mezz'ora ogni ora, e se è il 99,5 per cento gli orologi andranno dieci volte più lentamente di quelli terrestri. Se corressero alla velocità della luce, gli orologi si fermerebbero del tutto e non scandirebbero più alcun trascorrere del tempo. Che cosa vuol dire «orologio»? Non è certamente un pezzo di metallo che misura il tempo, ma un orologio astratto: la capacità di sentire il tempo di un oggetto, che può essere anche il nostro corpo, che va molto veloce, viene rallentata. Per la luce stessa dunque, e per le particelle che la compongono, i fotoni, il tempo non passa: sono fissati per sempre in un attimo di eternità.

Da tali premesse discendono alcune conseguenze particolarmente sorprendenti. La più nota di queste è rappresentata dal celebre paradosso dei gemelli. Supponiamo che Romolo e Remo siano due gemelli. Un giorno Romolo parte per un viaggio interplanetario, mentre Remo resta sul nostro pianeta e aspetta per 20 anni il ritorno del gemello. Quando questi torna appare più giovane di Remo – tanto più giovane quanto più velocemente ha viaggiato – perché il tempo per lui è trascorso più lentamente che per noi terrestri. Invece di 20 anni, per Romolo ne sono passati infatti solo 12, se ha viaggiato a una velocità pari all'80 per cento di quella della luce, oppure 10 anni o anche solo 2, se ha viaggiato all'86 per cento o al 99,5 per cento della velocità della luce. L'effetto è molto minore se il viaggio è avvenuto a velocità meno vertiginosa, ma il concetto non cambia. Il fenomeno osservato deriva dal fatto che la dilatazione del tempo dovuta agli effetti relativistici non riguarda solo gli orologi ma tutti gli eventi che si succedono nel tempo, compresi i processi biologici della crescita e dell'invecchiamento.

Tutte queste sembrano astruse elucubrazioni – consideriamo, per esempio, che Newton diceva: «Il tempo assoluto, vero, matematico, in sé e per sua natura scorre uniformemente senza relazione ad alcunché d'esterno» – ma l'effetto è invece dimostrabile direttamente, in almeno due maniere. Innanzitutto, alcune particelle che ci arrivano dallo spazio e che rientrano nella definizione complessiva di raggi cosmici, tra le quali spiccano i muoni, particelle poco più grandi degli elettroni ma a essi strettamente imparentate, percorrono delle distanze così enormi da essere incompatibili con la durata della loro brevissima vita media quando stanno ferme in laboratorio. I muoni per esempio sono piuttosto instabili: in laboratorio non vivono più di qualche microsecondo. Ma se vivono così poco, come fanno a giungere fino a noi in così gran numero? Fermi sulla Terra vivono una vita molto breve, ma quando viaggiano nel cosmo o nell'atmosfera ad altissime velocità, il loro tempo rallenta – di 20, 100 o anche 1000 volte – e la loro vita sembra allungarsi. Insomma, se arrivano fino a noi, devono aver vissuto considerevolmente più a lungo, anche se per «loro» che viaggiano è passato soltanto qualche microsecondo. Il tempo che ciascun osservatore misura nel suo sistema di riferimento, chiamato tempo proprio, è fisso e non può variare, per quanto velocemente possa viaggiare. Il tempo proprio è insomma un invariante, l'unico vero invariante temporale.

La seconda giustificazione è ancora più semplice e si basa su un esperimento effettivamente eseguito. Sono stati installati due orologi molto precisi e perfettamente sincronizzati su due jet di linea, fatti poi decollare dallo stesso punto per fare il giro intorno alla Terra, in direzioni opposte. Quando sono atterrati, si è verificato che l'orario segnato dai due orologi non era più coincidente, perché uno, oltre alla sua velocità, aggiungeva la velocità di rotazione della Terra, mentre l'altro alla sua velocità sottraeva la velocità di rotazione della Terra. Si tratta di una differenza molto piccola ma misurabile, e misurata.

Oltre a vedere il suo tempo rallentato, un corpo che si

muove a velocità elevata si accorcia nella direzione del moto, contrazione di Lorentz, e vede anche aumentare la propria massa. Il tutto sempre in ragione della sua velocità. Fino alla velocità della luce. Arrivato a questo punto la lunghezza del corpo in questione diviene nulla e la sua massa infinita. Nessuna entità materiale può quindi viaggiare alla velocità della luce, né tanto meno superarla. Con una massa infinita, infatti, non è possibile muoversi. Solo la luce può viaggiare a una tale velocità, essendo immateriale, ma non superarla. La luce infatti si propaga alla velocità... della luce.

Poiché la velocità della luce rappresenta una velocità massima, anche le velocità vanno sommate con cautela. Per esempio $v + c$ è uguale a $c$ qualunque sia il valore di $v$, ma il modo relativistico di sommare le velocità deve valere anche per due velocità abbastanza alte, anche se ciascuna inferiore a $c$, perché la loro somma non può mai superare $c$. Un famoso esperimento del 1887, detto esperimento di Michelson e Morley, «misurò» la velocità della luce dopo che questa aveva fatto o meno un breve percorso alla velocità della Terra, che si muove a 30 km/secondo intorno al Sole. L'esperimento dette lo stesso identico risultato nei due casi. Einstein negò sempre risolutamente di essere stato ispirato dai risultati di tale esperimento per l'edificazione della sua teoria della relatività ristretta, ma non è chiaro se gli dobbiamo davvero credere.

In effetti l'esperimento era stato concepito per dimostrare o confutare l'esistenza dell'etere. L'etere, o etere luminifero, era una realtà astratta postulata per cercare di comprendere come si potessero propagare le onde elettromagnetiche; secondo alcuni sarebbe dovuto essere il mezzo nel quale si propagavano e sarebbe dovuto «stare immoto», costituendo un sistema di riferimento privilegiato. Ma dell'etere non si trovò così nessuna traccia.

È utile osservare a questo proposito che il sistema di localizzazione dei navigatori delle nostre auto, detto GPS, si basa su calcoli relativistici di tempi e di spazi, a partire dai dati forniti dai satelliti artificiali in orbita intorno alla Terra. Questo sistema non potrebbe addirittura esistere senza le conoscenze disvelate dalla relatività, una realtà tangibile anche se spesso si parla di teoria della relatività, come del resto di parla di teoria dell'evoluzione, che pure rappresenta un'altra innegabile realtà.

Da notare infine che la teoria relativistica, per il momento ancora solo relatività ristretta o speciale, deriva logicamente e quasi naturalmente dalla semplice ipotesi che tutte le leggi della fisica debbano apparire identiche a due osservatori che si muovano l'uno rispetto all'altro di un moto rettilineo uniforme. Evidentemente i sistemi in quiete o in moto rettilineo uniforme gli uni rispetto agli altri, chiamati anche sistemi inerziali, rappresentano un'unica realtà agli occhi della fisica. Come si era già accorto il nostro Galileo, non esiste alcun esperimento che possa rivelare a un osservatore attento se l'ambiente in cui opera sta completamente fermo o si muove di moto uniforme. Perché la formulazione delle leggi risulti la stessa, i diversi osservatori dovranno considerare e misurare valori un po' diversi delle varie grandezze. Si ha quindi una validità assoluta delle leggi e una misura relativa di molte grandezze fisiche, fra le quali appunto gli intervalli di tempo, le dimensioni dei corpi e la loro massa. Questa discordanza di valutazione fra più osservatori è minima a basse velocità e diviene apprezzabile solo per sistemi che si muovano ad altissima velocità, in particolare per velocità vicine a quella della luce.

La differenza è scandita in termini di $(1 - v^2/c^2)$, dove $v$ è la velocità di cui si parla. Se $v$ è molto più piccola di $c$, questa parentesi vale 1 e non succede niente. Se $v$ si approssima a $c$, invece, la correzione può essere anche alquanto cospicua, perché il valore della parentesi si avvicina molto a zero. È per questo motivo che nessuno si era mai accorto in precedenza di tali effetti, e la fisica classica è a tutt'oggi in grado di spiegare quasi tutti i fenomeni nei quali ci imbattiamo nella vita di ogni giorno. Solo per quelli che implicano, direttamente o indirettamente, grandissime velocità, alcune formule della fisica classica non vanno bene: danno risultati solo approssimati e devono essere sostituite con quelle della relatività.

Che cosa distingue il ragionamento di Einstein da quello di Galileo? Formalmente niente, ma in sostanza tanto. Galileo conosceva i principi del movimento meccanico e descrisse che cosa sarebbe dovuto succedere loro perché valesse il principio dell'impossibilità di decidere se un corpo è fermo o in moto rettilineo uniforme rispetto a un altro. Einstein pose le stesse condizioni anche alle leggi dell'elettromagnetismo, che a Galileo erano ignote. Ne seguirono automaticamente, si fa per dire, le formule di trasformazione della relatività einsteiniana, alcune delle quali erano tra l'altro già state individuate da Hendrik Lorentz sulla base di un ragionamento molto diverso. È per questo che sono spesso chiamate trasformazioni di Lorentz.

Perché le leggi della fisica siano le stesse per tutti gli osservatori inerziali, dicevamo, occorre che questi misurino spazi e tempi diversi. Non esiste quindi uno spazio universale, né un tempo universale. Viene messa in questo modo in discussione la nozione stessa di contemporaneità, che sta alla base di ogni misura classica del tempo. Due eventi che sono simultanei per un osservatore fermo non necessariamente lo sono per un altro che si muove in direzione di uno dei due eventi in questione allontanandosi dall'altro, e il tempo diviene piuttosto una costellazione di tempi, dipendenti dalla loro posizione nello spazio. Perché così non fosse occorrerebbe che un osservatore potesse comunicare istantaneamente con un altro. Occorrerebbe cioè che i segnali potessero viaggiare a velocità infinita. Ma niente può viaggiare a velocità infinita; al massimo a quella della luce. La finitezza della velocità della luce e l'impossibilità di superarla pongono severi limiti alla rilevazione della simultaneità e frantumano, in definitiva, il tempo unico e universale di Galileo e di Newton in un pulviscolo di tempi locali. Se il tempo dipende dalla localizzazione, si può pensare che gli eventi dell'universo abbiano luogo su un palcoscenico spazio-temporale, invece che spaziale e temporale, come ci verrebbe naturale supporre, basandoci sulle nostre osservazioni di animali terrestri.

Se non ha senso separare il tempo dallo spazio possiamo immaginare un continuo quadridimensionale, lo spazio-tempo o cronòtopo, in cui si situa e si dipana ogni evento. L'introduzione del concetto di spazio-tempo è uno degli elementi essenziali della teoria della relatività. Se si riesce a immaginare questo spazio astratto a quattro dimensioni vi si può rappresentare quasi tutto, sotto forma di un punto, di una curva, di una superficie, o di un'ipersuperficie. Posso per esempio rappresentare me stesso in questo momento come un punto nello spazio-tempo. Domani sarò in un altro punto e dopodomani in un altro ancora. La linea quadridimensionale che unisce i punti che individuano la mia posizione spazio-temporale è detta la mia linea di universo. Ogni realtà materiale ha la sua linea di universo che ne descrive la posizione in ogni istante. Come non pensare alle parole di Banquo in *Macbeth* di Shakespeare: «[bello sarebbe] riuscire a gettare uno sguardo tra i semi del tempo e dire quale di questi darà germogli e quale no»?

Una delle cose più interessanti è la nuova base sulla quale viene posto da Einstein il rapporto fra passato, presente e futuro. Si tratta semplicemente di regioni diverse dello spazio-tempo la cui separazione non ha un valore assoluto. In effetti quando vediamo una stella splendere nel cielo non vediamo il suo presente ma il suo passato – di anni o di migliaia di anni fa – perché per giungere a noi la sua luce ha impiegato tutto quel tempo. Anche ciò che distinguiamo di un pianeta del nostro sistema solare come Giove è il suo aspetto di 40 minuti prima. In questo periodo Giove splende nel cielo notturno ed è particolarmente facile da individuare. Mi tocca un po' il cuore pensare che quello che osservo di Giove al momento si riferisce a più di mezz'ora fa. Adesso potrebbe anche non esserci più. La stella più vicina fa vedere di sé quello che era quattro anni fa: quante cose sono accadute in questi quattro anni!

Le galassie più lontane poi ci si mostrano come erano milioni e miliardi di anni fa. Il presente di un osservatore può essere insomma il passato di un altro. Einstein stesso scrisse alla vedova di un amico: «La distinzione fra passato, presente e futuro è solo un'illusione, per quanto tenace e dura a morire». «Il mondo non accade, ma semplicemente è» commentò a sua volta il grande matematico Hermann Weyl.

In questa visione il tempo si è fuso con lo spazio e sembra non fluire. Si potrebbero così eliminare alla radice molti dei problemi collegati all'idea stessa del tempo che scorre instancabilmente in una sola direzione. Le cose non stanno però proprio così: nel cosmo non regna una tale anarchia. Il passato di un osservatore può essere il presente di un altro, ma tutte le relazioni fra eventi diversi devono rispettare il principio di causalità, secondo cui nessun effetto può mai trovarsi nel passato della propria causa. Questo è il motivo per il quale non è possibile viaggiare all'indietro nel tempo e tanto meno in avanti, nel futuro, a dispetto di tutto quello che si è scritto sull'argomento in racconti e film di fantascienza. Non posso affatto viaggiare nel mio passato per impedire che i miei genitori si incontrino e progettino la mia nascita.

Ciò è vietato. Il principio di causalità viene così a costituire il canone insuperabile, il vero principio ordinatore di tutti gli eventi. Se le cose non stessero in questi termini, d'altra parte, non ci potrebbe essere alcuna forma di comunicazione, né di comprensione o di memoria perché non ci sarebbero distinzioni fra passato e presente, fra gli eventi e il loro ricordo, fra le cause e gli effetti, fra la predizione, l'aspettativa e la verifica (o la smentita). Già venticinque secoli fa il drammaturgo greco Agatone aveva scritto: «[...] solo questo anche a un dio è negato / cancellare il passato».

Una conseguenza veramente sconvolgente di queste nuove proposte è che non c'è una differenza sostanziale fra la massa e l'energia: l'una si può trasformare nell'altra e viceversa, anche se per osservare quest'idea alla prova dei fatti si è dovuta attendere l'era delle reazioni nucleari e della trasmutazione degli atomi e delle particelle elementari. Non può non lasciarci stupiti e ammirati il fatto che da una serie di arcigne equazioni originate dal nuovo modo di vedere lo spazio e il tempo sia uscita fuori, come un coniglio dal cilindro, la formula forse più famosa della storia: $E = mc^2$. Da allora non si dice più che la materia non si crea e non si distrugge, ma si trasforma. Si dice in termini molto più generali che la materia-energia si conserva, cioè non si crea e non si distrugge. Einstein ha quindi unificato concetti diversi come materia ed energia, spazio e tempo.

A suo tempo sbalordì ed elettrizzò apprendere che massa ed energia fossero interconvertibili. Ma oggi nessuno se ne stupisce più molto, perché della cosa abbiamo sentito parlare anche troppo spesso. Il fatto che materia ed energia siano interconvertibili non significa affatto però che la cosa sia semplice. Ciò avviene continuamente all'interno delle stelle, ma per ottenerlo in maniera riproducibile e controllata su questo pianeta occorre una centrale nucleare. Esistono diversi modi per trasformare una piccola perdita di massa in un grosso quantitativo d'energia, ma all'atto pratico tutto si riduce a due fenomeni fondamentali, la fissione e la fusione.

Nella fissione o, meglio, nella fissione nucleare, un nucleo grosso e relativamente instabile si spezza, mentre nella fusione due nuclei piccoli si fondono per darne uno più grande. In un caso come nell'altro durante l'operazione si perde una certa quantità di massa che si trasforma in energia, in maniera più o meno violenta e più o meno controllabile.

Nella fissione un nucleo di uranio-235, cioè $^{235}U$, viene bombardato con un neutrone, dando luogo a un nucleo instabile. Questo si spezza dando origine a sua volta a due nuclei più piccoli, uno di Bario, $^{141}Ba$, e uno di Kripton, $^{93}Kr$, e tre neutroni. Uno di questi neutroni va a colpire un altro nucleo di uranio-235 e il processo ricomincia; si ha cioè quella che viene comunemente chiamata una reazione a catena. Durante questo processo si liberano grandi quantità di energia che viene raccolta sotto forma di calore nelle cosiddette centrali termonucleari. Naturalmente tutto va incanalato, e nei limiti del possibile, controllato. Esistono nel mondo vari tipi di centrali nucleari, ma il fenomeno fisico è sostanzialmente quello che abbiamo descritto, anche se a volte si parte dal plutonio, Pu, invece che dall'uranio-235. Essenzialmente le stesse reazioni avvengono nella bomba atomica, o bomba A, in maniera volutamente deflagrante.

Nella fusione, invece, due nuclei di idrogeno, e precisamente uno di deuterio, cioè $^{2}H$, e uno di trizio, cioè $^{3}H$, si fondono per dare un nucleo di elio, $^{4}He$, e un neutrone che viene espulso. Durante tale trasformazione nucleare si libera una considerevole quantità d'energia e ci saranno poche scorie radioattive. Tale processo avviene naturalmente all'interno del Sole e di moltissime altre stelle, e l'energia che ci viene dal Sole deriva da questo tipo di trasformazione della materia in energia. La superficie della Terra non è però l'interno del Sole, e per ottenere tale reazione occorre innescarla e controllarla. La cosa non ci è ancora riuscita in effetti, nonostante se ne parli da anni, ma qualora ciò si realizzasse ci metterebbe a disposizione una quantità d'energia pressoché illimitata. Le stesse reazioni avvengono in pratica in una bomba all'idrogeno o bomba H.

I principi della relatività valgono per corpi di qualsiasi dimensione a patto che si muovano a grande velocità. Gli oggetti del nostro mondo non lo fanno quasi mai, ma le particelle e le galassie possono andare anche molto svelte. Per entrambe entra allora in ballo la relatività. Mentre quella che entra inevitabilmente in ballo per le particelle è la protagonista della seconda grande rivoluzione del XX secolo, la teoria dei quanti, della quale abbiamo già cominciato a parlare.

A differenza della relatività, la teoria dei quanti non è giunta completamente inattesa. Abbiamo visto che si erano accumulate negli anni numerose osservazioni di cui la teoria classica non riusciva a dar conto. Riguardavano per lo più i nuovi campi della fisica atomica e subatomica; ma anche lo studio delle radiazioni e della stessa stabilità della materia ponevano quesiti che costituivano una sfida formidabile alle concezioni del tempo. Si pensava per esempio all'atomo come un sistema planetario in miniatura, nel quale un certo numero di elettroni ruotava intorno a un nucleo atomico centrale. Ma era chiaro che non poteva essere così semplice. Gli elettroni portano una piccola carica elettrica (negativa) e l'elettromagnetismo ci dice che se una carica si muove su un'orbita circolare emette radiazioni e perde continuamente energia. Se l'elettrone si fosse comportato in questa maniera avrebbe perso presto tutta la sua energia e sarebbe precipitato sul proprio nucleo in men che non si dica. Gli atomi così non potrebbero esistere a lungo e la materia collasserebbe. Tutto allora scomparirebbe: il tavolo, la sedia, il muro, il pavimento. Poiché questo manifestamente non accade, da qualche parte doveva esserci qualcosa di sbagliato.

E qualcosa di sbagliato doveva proprio esserci in tutto quello che si riusciva a pensare fino a quel momento del mondo degli atomi. Per questi non solo sembravano non valere le leggi che si applicano ai corpi estesi, ma anche le rappresentazioni più elementari. Oggi sappiamo che è proprio così. L'infinitamente piccolo mostra proprietà tutte sue, che lo distinguono da ogni cosa precedentemente conosciuta. La fisica quantistica o, come si dice spesso, la meccanica quantistica, è appunto la teoria che spiega e illustra i comportamenti singolari delle particelle subatomiche e della loro interazione con la radiazione, anche luminosa. Si è rivelata subito di grande successo e ha permesso di gettare nuova luce sulla struttura degli atomi, e quindi su tutta la chimica.

Le leggi di questo mondo dell'infinitamente piccolo sono molto diverse da quelle che ci sono familiari e alle quali ci rifacciamo istintivamente per comprendere il nostro mondo. Le conseguenze che se ne possono trarre sono profondamente contrarie all'intuizione, e anche importanti scienziati come Einstein non vi si trovarono mai completamente a loro agio – famosa a questo proposito è la sua esclamazione: «Non posso credere che Dio giochi a dadi!» –, e le accettarono solamente in virtù del loro incredibile successo nello spiegare e predire i fenomeni atomici e subatomici. La meccanica quantistica non ha mai conosciuto smentite nella sua vita ormai quasi secolare e ogni apparecchio televisivo, ogni radiolina, ogni telefono cellulare che usiamo nel nostro quotidiano sono la tangibile testimonianza della validità di questa ardita teoria.

Le particelle elementari di cui è costituita la materia, a partire dall'umile elettrone, mostrano molte caratteristiche inconsuete, tra le quali spicca la mancanza di un'individualità. Tutti gli elettroni sono identici fra di loro, così come tutti i protoni e tutti i neutroni. Non è possibile, neppure in linea di principio, distinguere un elettrone da un altro, in qualsiasi parte dell'universo questo si trovi. Non avendo un'individualità non invecchiano, come gli angeli dell'iconografia medievale. E come quelli, sembra che possano andare da un luogo a un altro senza passare per punti intermedi. Tali peculiarità sono essenziali per la stabilità della materia quanto il fatto che anche l'energia, come la materia, abbia una natura granulare o corpuscolare. La lezione fondamentale è che se la materia e l'energia non avessero una natura corpuscolare il mondo stesso non esisterebbe.

Ritorniamo adesso alla domanda che ci siamo posti in precedenza, ovvero perché gli elettroni girando intorno al loro nucleo non perdono progressivamente energia e non finiscono per caderci sopra. La questione è che ciascuno di loro non orbita intorno al nucleo tenendosi a una distanza qualsiasi. Sta fisso in una data posizione, che fa parte di un gruppo di posizioni prestabilite, e fino a che si mantiene in quella non irradia e non perde affatto energia. Emette o assorbe energia solo quando passa da una posizione a un'altra. Quando, una volta ogni tanto, si sposta da una posizione a un'altra più vicina al nucleo emette una quantità fissa di energia, un quanto appunto. Quando si sposta invece in una posizione più esterna assorbe un quanto di energia. In ogni altra condizione non perde e non acquista energia ma resta stabile, anche per sempre. Dai più grandi pianeti agli oggetti della vita quotidiana, tutti i corpi devono la loro consistenza e la loro stabilità alla struttura granulare dei propri componenti e al fatto che questi possono assumere solo un certo numero di configurazioni prefissate, senza che sia permesso passare dall'una all'altra ininterrottamente.

Delle particelle che costituiscono la materia non è possibile inoltre conoscere troppe cose simultaneamente. Di una particella posso sapere per esempio la posizione o la velocità, ma non tutte e due le cose contemporaneamente con precisione. Se ne conosco bene la posizione, avrò inevitabilmente una grande incertezza sulla sua velocità. Se al contrario rilevo alla perfezione la sua velocità dovrò accontentarmi di conoscerne solo approssimativamente la posizione. Tale affermazione costituisce il famoso principio di indeterminazione di Heisenberg, che prende il nome dal fisico tedesco Werner Heisenberg, uno dei padri fondatori della meccanica quantistica insieme all'austriaco Erwin Schrödinger.

Qual è il motivo di una tale conoscenza parziale? Per quantificare una grandezza è necessario uno strumento di misura, per quanto elementare. Per vedere dove si trova esattamente un elettrone occorre almeno colpirlo con un raggio di luce elementare, cioè con un fotone. Questo impartisce inevitabilmente all'elettrone una spinta, così che non potrò mai sapere con precisione che velocità aveva prima che io effettuassi la misura. Semplicissimo ma profondamente inquietante. Tra l'altro si capisce perché questo non abbia importanza, per esempio, per una zolletta di zucchero. Se questa viene colpita da qualche fotone non ne riceve alcuna spinta e non ci sarà di conseguenza alcun incremento di velocità, se non infinitamente piccolo. Un'analoga esclusione reciproca si osserva per l'energia e il tempo: non è dato sapere qual è in questo istante l'energia esatta posseduta da una particella. Posso conoscerne esattamente l'energia solo se mi riferisco a un intervallo di tempo piuttosto lungo, mentre se considero un intervallo molto breve devo rinunciare a determinare con estrema accuratezza l'energia posseduta.

Nel linguaggio della meccanica quantistica due grandezze strettamente legate in una formulazione del principio di indeterminazione, come posizione e quantità di moto o tempo ed energia, sono dette grandezze coniugate.

Ma la cosa probabilmente più ardua da accettare è che una particella possa essere in più stati contemporaneamente, cioè in una mescolanza di stati diversi. Come abbiamo appena detto, non possiamo stabilire che traiettoria ha seguito, per esempio, un elettrone di cui sappiamo che è andato da un punto A a un punto B. Si comporta infatti come se avesse percorso una combinazione di traiettorie diverse, anche se non tutte con la stessa probabilità.

L'inizio della teoria dei quanti ha coinciso con la constatazione della natura corpuscolare della luce, come, se vi ricordate, aveva supposto Newton, anche se quella del secolo scorso è una dimostrazione ben più cogente. La teoria dei quanti raggiunge finalmente la sua maturità con la scoperta complementare che una particella ben nota come un elettrone ha (anche) una natura ondulatoria. Questo fu proposto nel 1927 dal duca francese Louis-Victor Pierre de Broglie, il quale calcolò che la lunghezza d'onda associata a un elettrone con una certa quantità di moto $p$ fosse $h/p$. La sua teoria fu confermata sperimentalmente con un reticolo per studiare la diffrazione e l'interferenza.

Facendo passare uno sciame di elettroni attraverso la famosa doppia fenditura, si osservò infatti una tipica figura di interferenza. Un fascio di elettroni mostra quindi le caratteristiche di un'onda, dotata proprio della lunghezza d'onda ipotizzata da de Broglie. Ma c'è dell'altro. Se si riduce progressivamente l'intensità del flusso degli elettroni che incidono sulla doppia fenditura, fino a ridurlo a un elettrone solo, si continua a vedere la figura d'interferenza! Come se un singolo elettrone potesse attraversare contemporaneamente le due fenditure; la verità è che noi non possiamo assolutamente sapere se passa per l'una o per l'altra, a meno che non se ne occluda una. Insomma tutto funziona come se l'elettrone passasse per entrambe le fenditure. (Molti laboratori hanno condotto differenti versioni di questo esperimento cruciale, ma è di particolare soddisfazione notare che uno di questi è stato eseguito proprio in Italia, all'Università di Bologna nel 1974.)

È difficile capire perché le cose stiano in questi termini, affidandoci alla nostra mente abituata a corpi estesi e tempi relativamente lunghi, ma è così. Pensandoci bene però, come poteva essere altrimenti? Come poteva essere che questo tavolo avesse al suo interno dei pezzettini di legno, e che dentro questi pezzettini di legno ci fossero altri pezzettini più piccoli, e via discorrendo e che godessero tutti delle stesse proprietà? Oggi è facile comprendere che il mondo non sarebbe potuto esistere e sarebbe crollato. Ma si tratta ancora una volta del senno di poi.

Il fotone è un po' particella e un po' onda o, meglio, a volte particella, a volte onda. Lo stesso vale per l'elettrone e le altre particelle subatomiche. Ma qual è la vera condizione? Sono vere entrambe. Questa è la conclusione e la proposta del grande fisico danese Niels Bohr, che ipotizzò l'esistenza di un principio di complementarità: le entità della fisica quantistica possono essere viste a volte come corpuscoli e a volte come onde, ma non possono esibire i due comportamenti contemporaneamente. Viene da pensare quindi che quella di corpuscolo o di onda sia una nostra maniera di vederle, la quale ha scarsa relazione con quanto esse sono veramente. Con buona pace della nostra esigenza di essere logicamente irreprensibili. Il bello è che poi tutto questo funziona, e senza smagliature. Nel 1999, infatti, nel laboratorio di Vienna di Anton Zeilinger si sono ottenute figure di interferenza anche con molecole di fullerene composte di 60 atomi di carbonio! E nel 2003 con molecole ancora più grandi, composte di 60 atomi di carbonio e 40 di fluoro.

Mentre per entità materiali molto piccole non si può fare a meno di mettere in campo l'apparato della meccanica quantistica, per oggetti molto più ingombranti, come per i tavolini e per le sedie, come pure per gli esseri umani, invece, le vecchie formule vanno benissimo. Esiste a questo proposito un altro principio, detto principio di corrispondenza, il quale impone che ogni descrizione in termini quantistici debba trasformarsi progressivamente nella corrispondente descrizione classica quando si passa dallo studio del mondo submicroscopico a quello dei corpi estesi e quindi dotati di una certa massa.

In questa ottica, un elettrone lanciato contro una parete teoricamente insormontabile ha una qualche probabilità di trovarsi, magicamente, dall'altra parte. Questo fenomeno, chiamato effetto tunnel, ha luogo quotidianamente nel mondo delle particelle, e l'uomo l'ha sfruttato per costruire circuiti elettronici integrati e raffinati microscopi e altri strumenti di misura. L'effetto tunnel vale senza dubbio anche per le lepri e per gli esseri umani, ma con corpi di dimensioni crescenti perde progressivamente d'importanza fino a divenire irrilevante. Non è stato mai osservato un essere umano che, lanciatosi contro una parete, si sia trovato dall'altra parte, ovviamente senza romperla, anche se questo in teoria non è impossibile. Se si calcola infatti la probabilità che ciò accada, si vede che non è zero – in fisica lo zero non esiste – ma è incredibilmente bassa. Occorrerebbe perciò che si lanciassero miliardi di uomini per migliaia di miliardi di anni per poter avere una certa probabilità di osservare qualcosa del genere.

Passare dalle particelle agli oggetti estesi ha anche questa conseguenza, come quella per cui noi viviamo in un mondo discretamente deterministico, mentre il mondo atomico e subatomico segue principi probabilistici o statistici.

Nel nostro mondo, date precise condizioni di partenza, ne deve per forza seguire un particolare corso degli eventi, in maniera determinata e prevedibile, almeno in linea di massima. Nel mondo delle particelle subatomiche invece le cose non stanno così. Il comportamento della singola particella non è prevedibile nel suo dettaglio, nemmeno in linea di principio. Quello che è prevedibile è solo il comportamento di un gran numero di particelle messe nelle stesse condizioni. Riprendendo l'esempio di una particella che vada da A a B, non possiamo proprio sapere quale strada percorrerà effettivamente. Possiamo solo calcolare la probabilità che segua il cammino 1, quella che segua il cammino 2, il cammino 3 e via discorrendo. La singola particella non ha alcun obbligo di procedere su uno specifico cammino, neppure quello che sappiamo più plausibile. Solo se si ripete l'osservazione per molte volte, o se si osserva un gran numero di particelle identiche, si constaterà che il cammino più probabile è stato quello seguito più di frequente e quello meno probabile quello seguito più di rado. Per rilevazioni collettive la probabilità si trasforma in frequenza e le prescrizioni probabilistiche divengono realtà statistiche. Siamo insomma ben lontani dalla visione della fisica classica che si faceva un vanto di studiare nei minimi particolari il moto di un corpo, o un qualsiasi altro fenomeno, anche per lunghi periodi. Il futuro del processo era quindi determinato. Non così nel mondo degli atomi e delle particelle singole: lì il futuro è aperto e lontano.

Qualcuno presenta tutto questo come il tramonto di ogni possibilità di conoscere scientificamente il mondo che ci circonda. Ovviamente non è così. In primo luogo perché quello che abbiamo detto concerne le entità microscopiche e perde ogni rilevanza per gli oggetti macroscopici del quotidiano. In secondo luogo, se è vero che un singolo elettrone o un singolo protone si trova in questa situazione, una manciata di elettroni verrà osservata in stati ben definiti con una frequenza molto simile alla probabilità che compete ai vari stati. Se il numero delle particelle è alto, non ci sarà alcuna sorpresa: il complesso di particelle si comporterà nella maniera attesa e tutto ritornerà nei canoni delle previsioni scientifiche classiche. Che riguardano, infatti, corpi estesi che contengono miliardi e miliardi di particelle.

Anche il nostro corpo per funzionare ha bisogno di miliardi e miliardi di particelle costituenti, ma anche solo di molecole. Gli esseri viventi non possono avere una dimensione qualsiasi, anche se questa si estende in realtà per almeno otto ordini di grandezza, da qualche decimo di micron a qualche decina di metri. Gli organismi non possono essere né troppo piccoli né troppo grandi, e ciò vale soprattutto per le loro cellule, tutte più o meno delle stesse dimensioni.

Perché una cellula non può essere troppo piccola? Ciò che conta al suo interno è affidato all'interazione di un certo numero di molecole, perché la vita si realizza e si mantiene innanzitutto a livello molecolare. Le singole molecole, di qualsiasi tipo, non hanno un comportamento regolare e prevedibile: non sono strettamente controllabili né possono perciò incarnare un ordine qualsiasi, figuriamoci una stabilità!

Per poter ottenere questo occorre contare su un qualche numero di molecole, che nel loro insieme possono seguire un ordine e una tendenza. E stiamo parlando di un alto numero, milioni e milioni, perché poche molecole sono sempre soggette a fluttuazioni statistiche. L'entità di tali fluttuazioni diminuisce al crescere del numero delle molecole interessate, per cui aumentando di parecchio il numero di queste si passa da un loro comportamento statistico a uno deterministico. Ogni organello cellulare e, a maggior ragione, ogni cellula deve quindi poterne contenere una quantità sufficientemente grande, se non vuole cadere preda di un comportamento caotico.

È un fatto che la vita si affaccia sul limitare di diverse soglie. La prima e fondamentale è quella che separa le entità piccolissime che obbediscono alle leggi della fisica quantistica da quelle di dimensioni appena sufficienti per comportarsi secondo i principi della fisica classica. La vita è affiorata e prospera proprio un passo al di là di tale limite. Non può operare, infatti, se non attraverso molecole, la cui identità e stabilità è garantita dalle leggi della meccanica dei quanti. Almeno fino a un certo limite ciascuna di quelle è ciò che è grazie alla «granularità» che la materia mostra a questo livello.

Immaginiamo infatti che cosa succederebbe se, urtandosi fra di loro e con quelle di altri tipi, le molecole organiche si sbriciolassero, per così dire, e perdessero continuamente i loro contorni! L'ordine biologico sarebbe una chimera. Questo non accade perché entro determinati vincoli le molecole mantengono una loro identità nonostante tutto. Per loro natura gli oggetti quantistici o cambiano tutto in una volta o non cambiano affatto.

La seconda soglia è rappresentata invece proprio dall'affidabilità del comportamento di un qualche numero di molecole. La vita si trova, infatti, un passo al di là del limite dell'inaffidabilità dei piccoli numeri di atomi e di molecole. Ne deve perciò sempre contenere una certa quantità.

Ma perché la cellula è costretta a operare così in basso, cioè con strutture così piccole, rasentando l'irrealizzabilità? È perché la posizione, il movimento e l'azione delle diverse molecole devono poter essere regolati globalmente e in tempo reale. Questo pone dei limiti superiori alle dimensioni della cellula. Fra le sue diverse parti deve sempre esserci, infatti, una certa corrispondenza o correlazione, talvolta chiamata coerenza. E in natura i domini di coerenza, spaziale e temporale, non possono essere mai troppo estesi. Le cellule, quindi, devono essere abbastanza grandi da contenere una quantità sufficiente di proteine, ma non troppo grandi da dover per forza essere in numero basso in un organismo.

Noi viviamo appena sopra i confini di un mondo dove regnano le leggi dell'infinitamente piccolo. Siamo abbastanza grandi da non subire le bizzarre imposizioni della meccanica quantistica, ma non tanto grandi da non riuscire a beneficiare di qualcuno dei loro effetti. Apparteniamo insomma al mondo del quotidiano, ma affondiamo le radici nell'humus ribollente dei fenomeni quantistici. In parole povere, ce la siamo cavata a stento, eppure ce la siamo cavata, e siamo in bilico su un filo teso fra realtà arcane e remote.

Un organismo composto da un considerevole numero di cellule non può a sua volta essere troppo grande per problemi di comunicazione fra le sue parti e per non rovinare sotto il proprio peso. Questo limite superiore pone poi un altro vincolo alle dimensioni delle sue cellule. Un organismo deve, infatti, poter contare su un'alta concentrazione di cellule, soprattutto se possiede un sistema nervoso, il cui funzionamento è basato sull'interazione di un cospicuo numero di quelle. Se le cellule fossero più grandi non potrebbero esistere animali intelligenti, e forse nemmeno coordinati.

Nel solo nostro cervello ci sono per esempio 100 miliardi di cellule nervose. Chi riesce a immaginare un tale numero? Si tratta di una quantità enorme, astronomica nel vero senso della parola, perché 100 miliardi sono le stelle della galassia e altrettante sono anche probabilmente le galassie dell'universo. Per non parlare della miriade di microconnessioni, chiamate in gergo tecnico sinapsi, che mettono in contatto tra di loro le varie cellule del cervello. Ce ne sono in media 10.000 per cellula. Se moltiplichiamo 10.000 per 100 miliardi otteniamo la sbalorditiva cifra di un milione di miliardi. Il nostro cervello contiene quindi un milione di miliardi di connessioni, più di qualsiasi calcolatore elettronico esistente al momento sulla Terra. Non meraviglia che siamo capaci di prestazioni mentali fuori dell'ordinario e che siamo anche incredibilmente differenti l'uno dall'altro: basta una connessione allacciata in una maniera invece che in un'altra ed ecco che due cervelli non sono più uguali e danno vita a menti e coscienze distinte e costituzionalmente uniche. Le cellule di un organismo devono essere in sostanza molto numerose e quindi sufficientemente piccole, anche se non così piccole da non poter funzionare.

Forse non c'è bisogno di far notare quanto distante sia il mondo delle particelle dal nostro e quanto sia difficile da immaginare, prima ancora di cercare di comprenderlo. Come è possibile che una particella stia contemporaneamente in posti diversi o, che è lo stesso, che non si possa sapere esattamente se sta qui o se sta lì? O che, a parte la posizione, si trovi in una sovrapposizione di stati? Come accettare di non poter prevedere, per esempio, quando un determinato isotopo radioattivo decade, se non dopo che è accaduto e quindi *rien ne va plus*? Come possiamo ammettere che la casualità nella meccanica quantistica non sia imputabile a un difetto delle nostre informazioni, ma un elemento integrante, una struttura portante della teoria stessa? Come concordare sul fatto che «dal nulla» si possano originare due fotoni che subito nel nulla ripiombano, seguendo uno schema energetico rigidissimo? Come possono quindi esistere moltitudini di coppie virtuali di particelle che abitano il vuoto che ci circonda, che così «formicola» di opportunità? Come può andare momentaneamente indietro nel tempo una particella, a patto che il suo bilancio energetico lo permetta?

Queste sono solo alcune delle domande che scienziati, filosofi e persone qualsiasi si sono posti nei sette o otto decenni trascorsi dall'affermazione della meccanica quantistica. E molti non sono riusciti ad accettare che della verità si potesse dare una versione così ardita e poco intuitiva, a cominciare da Planck e Einstein, che pure furono geniali pionieri di tale modo di vedere la natura.

Senza contare che la risoluzione delle equazioni che regolano il comportamento delle particelle che popolano il mondo dei quanti danno spesso risultati espressi in termini di numeri immaginari e di numeri complessi, invece che di numeri reali! Ma c'è di più. Tali equazioni offrono una descrizione «continua» e ininterrotta dell'evoluzione dello stato probabile di una particella, la quale ammette diverse eventualità, rappresentate da diversi stati possibili della particella stessa. Quando si va però a «vedere la mano», per utilizzare il linguaggio del poker, cioè a fare un'osservazione diretta, solo uno dei possibili stati risulta verificato: la particella si porta bruscamente in uno degli stati permessi, senza che si potesse prevedere quale. Si dice che l'osservazione ha causato «il collasso della funzione d'onda», che da tante possibilità conduce a una precisa realtà.

Numerose sono state quindi le obiezioni sollevate alle affermazioni fondamentali della fisica quantistica. A tutte queste si è opposta, come un baluardo inespugnabile, la cosiddetta interpretazione di Copenaghen dei fenomeni quantistici, proposta e sostenuta primariamente da Niels Bohr e secondariamente da Werner Heisenberg, Pascual Jordan e Max Born, ma che ha trovato la propria sistematizzazione solo negli anni Cinquanta del secolo scorso. In sintesi, non esistono problemi veramente seri all'interpretazione dei risultati e occorre soltanto adottare un atteggiamento aperto verso le novità, anche le più ostiche, e una buona dose di pragmatismo: fintanto che gli esperimenti mostrano la bontà dei risultati è meglio non porsi troppi problemi e andare avanti. I detrattori hanno spesso deriso un tale atteggiamento affermando che ciò equivale cinicamente a dire: «Stai zitto e calcola!», ma in quello che precede e in quello che verrà dopo io seguirò essenzialmente questo punto di vista – riguardante soprattutto aspetti quali il principio di complementarità e la dualità onda-corpuscolo – per il quale non ci sono, a dire il vero, molte alternative valide.

In particolare, secondo tale interpretazione, le affermazioni probabilistiche della meccanica quantistica sono irriducibili, e non riflettono la nostra limitata conoscenza di qualche ipotetica «variabile nascosta». Come abbiamo già detto, nella fisica classica si ricorre alla probabilità anche se il processo è fondamentalmente deterministico – per esempio nel lancio di un dado –, in modo da sopperire a una nostra conoscenza incompleta dei dati iniziali. A proposito dell'esempio, conoscendo l'altezza da cui viene lanciato il dado, la velocità e l'angolo d'inclinazione, sarebbe possibile calcolare il risultato, cioè conoscere a priori quale faccia mostrerà il dado sul tavolo. In fondo si tratta solo di leggi meccaniche. Al contrario, l'interpretazione di Copenaghen sostiene che in meccanica quantistica i risultati delle misurazioni di alcune variabili sono fondamentalmente non deterministici, ossia che anche conoscendo tutti i dati iniziali è impossibile prevedere il risultato di un singolo esperimento, poiché l'esperimento stesso influenza il risultato.

Sono inoltre prive di senso domande come: «Dov'era la particella prima che ne misurassi la posizione?», oppure «In quale dei diversi stati sovrapposti si trovava la particella stessa prima della sua rivelazione finale che la vincola a uno specifico stato?». Questo perché la meccanica quantistica studia esclusivamente quantità osservabili, ottenibili mediante processi di misurazione. Detto altrimenti, l'atto della misurazione causa il collasso della funzione d'onda, nel senso che quest'ultima è costretta dallo stesso processo di misurazione ad assumere i valori di uno a caso dei possibili stati permessi.

È evidente che queste sono risposte difficili da «mandare giù» e molti stentano ad accettarle. Gli aspetti che suscitano maggiori perplessità sono la discontinuità tra il processo deterministico che regola l'evoluzione della funzione d'onda e il fenomeno indeterministico rappresentato dal suo collasso, nonché la supposta scarsa chiarezza nel definire i concetti di misura e di osservatore, o di osservazione.

E qui entra in gioco un gatto. Nel 1935 Erwin Schrödinger propose un esperimento mentale, passato alla storia come il paradosso del gatto di Schrödinger, con il quale il nostro fisico voleva dimostrare alcune incongruenze dell'interpretazione di Copenaghen. Immaginiamo un gatto, vivo e ben pasciuto, chiuso all'interno di una scatola non trasparente. Accanto a lui c'è una fiala contenente cianuro o un qualsiasi altro gas tossico, che può essere rotta da un peso che la colpisce. Tale peso è a sua volta collegato con un atomo radioattivo in via di decadimento. Se l'atomo non decade, non succede niente, mentre allorquando l'atomo decade il peso precipita, la fiala si rompe, il gas si spande e il gatto muore.

Abbiamo detto che per la meccanica quantistica non possiamo sapere quando uno specifico atomo radioattivo decade. Quindi, fin quando non apriamo la scatola non possiamo sapere se il gatto è vivo o morto. Anzi, poiché lo stato dell'atomo radioattivo è normalmente in una sovrapposizione di stati decaduto-non decaduto, anche il gatto si dovrebbe trovare in una sovrapposizione di stati vivo-morto, almeno finché non si apre la scatola e si controlla. Allora ci sarà il collasso della funzione d'onda e l'atomo apparirà decaduto oppure non decaduto e il gatto si mostrerà vivo oppure morto. Secondo Schrödinger tutto ciò è comico e inaccettabile.

È stato difficile rimanere insensibili a una tale semigrottesca obiezione, anche se i sostenitori dell'interpretazione di Copenaghen non hanno fatto una grinza neppure in questa circostanza. Altri invece hanno proposto innumerevoli possibili interpretazioni di tale situazione sperimentale. Due in particolare sono degne di nota, una di estremo realismo e una di estremo convenzionalismo.

Secondo la cosiddetta interpretazione a molti mondi di Hugh Everett III è tutto vero. Il gatto sta effettivamente in una sovrapposizione di stati fino a che non si verifica, ma a questo punto entrambi gli stati si realizzano, in due universi paralleli. Se io appartengo all'universo in cui il gatto è vivo, lo vedrò vivo, mentre se io appartengo all'universo in cui il gatto è morto lo vedrò morto. Ogni volta che si fa un'osservazione su di un sistema quantistico, si entra in un universo piuttosto che un altro. Esistono quindi nella realtà infiniti universi e infiniti punti di biforcazione: o si va di qui o si va di là. Per quanto teorica e astratta possa sembrare la soluzione, essa appare logicamente ineccepibile e capace di risolvere il paradosso. È chiaro però che l'ipotesi non è né dimostrabile né falsificabile; appartiene quindi al regno della speculazione e della metafisica. Si è parlato tuttavia sempre più spesso di molti mondi o anche di multiverso, cioè un universo multiplo, come insieme di una pluralità di universi!

All'estremo opposto stanno le interpretazioni secondo le quali nulla di tutto ciò è reale e si tratta soltanto di «punti di vista» della nostra mente. Il gatto non è mai in una sovrapposizione di stati – io lo suppongo soltanto – ma è la mia presa di coscienza che fa pendere l'ago della bilancia in una direzione o nell'altra. Lungo questa linea di pensiero la nostra presa di coscienza ha un ruolo fondamentale, convalidando o smentendo eventuali alternative. Occorre dire che parecchi autori mostrano una più o meno spiccata simpatia per una visione del genere, una variante dell'*esse est percipi* del vescovo Berkeley, che però esula chiaramente dalla fisica come scienza.

Una variante più «scientifica» di tale posizione si richiama al concetto di informazione e al suo ruolo nella possibile conoscenza del mondo. In questa direzione John Archibald Wheeler, un geniale e bizzarro fisico americano, propose la dizione *it from bit*, come a dire che la realtà discende e dipende dall'informazione. La proposta è meno campata in aria di quanto possa sembrare, ma al momento non è stata sviluppata granché.

Insomma, siamo tutti abbastanza insoddisfatti, ma i rimedi alternativi proposti per riparare alle incongruenze dell'interpretazione di Copenaghen sono spesso peggiori del male. Chi vivrà vedrà.

# La danza delle particelle

Non si era ancora spento il clamore per la comparsa della meccanica quantistica che altre grandi novità si affacciarono nella descrizione del mondo atomico e subatomico.

Consideriamo innanzitutto l'atomo. La seconda metà dell'Ottocento aveva visto l'eccezionale trionfo dell'idea del sistema periodico degli elementi a opera del russo Dmitrij Ivanovič Mendeleev. La materia così diversa e multiforme è invariabilmente composta di molecole, abbiamo visto, e queste di 92 tipi di atomi. Anzi la maggior parte degli oggetti del mondo sono fatti di appena una quarantina di tipi di atomi, perché molti dei 92 compaiono molto di rado. I 92 elementi, individuati appunto da un numero atomico che va da 1 a 92, hanno proprietà che permettono di farne una classificazione «sistematica». La tavola degli elementi di Mendeleev dà corpo e visualizza questa sistematica. Le proprietà dei vari elementi si ripetono e permettono di assegnare ognuno di loro a uno specifico gruppo, da 1 a 18, e a uno specifico periodo, da 1 a 7. All'inizio del Novecento questa era una conoscenza definitivamente acquisita, che però attendeva una giustificazione.

E questa arrivò proprio dagli sviluppi della meccanica quantistica, soprattutto riguardo alle proprietà degli elettroni. Il modello che ne emerse presentava la situazione in maniera semplice e «naturale», in ottemperanza ai principi della meccanica quantistica e lungo le linee di un'entità esplicativa che prese il nome di atomo di Bohr, dai contorni ancora abbastanza indefiniti, ma profondamente ispirata a quei principi. Abbiamo già visto che l'atomo era visto come un sistema planetario con un nucleo carico positivamente al centro e un certo numero di elettroni elettronegativi intorno. La novità consiste nel fatto che questi non «ruotano» intorno al nucleo, ma si limitano a circondarlo stando su precise «orbite» discrete a distanza fissa da esso. Quando questi elettroni non si muovono dalla loro posizione, l'atomo non emette né assorbe energia. Quando uno di loro «salta» in una posizione più interna, viene emessa una radiazione, di frequenza determinata e fissa, mentre quando l'atomo viene colpito da una radiazione, almeno un elettrone si sposta su un'orbita più lontana dal nucleo.

Questo spiega perché gli elementi emettono e assorbono radiazioni specifiche, corrispondenti ad altrettanto specifiche righe spettroscopiche, e perché i diversi elementi non possiedono proprietà chimiche continue e senza schema, bensì appartenenti a gruppi definiti e ricorrenti. Quelle che noi abbiamo chiamato orbite sono in realtà «posizioni» individuate da un insieme di cosiddetti numeri quantici. Perché non esiste un'unica orbita, magari di energia minima, sulla quale si trovano tutti gli elettroni di un atomo? Perché è impossibile; è vietato dal cosiddetto principio di esclusione di Pauli. Nel 1925 Wolfgang Pauli postulò che nello stesso atomo non possano sussistere due elettroni con gli stessi identici numeri quantici. Il minimo che possa loro capitare è che abbiano uno spin diverso, uno in su e uno in giù.

Lo spin di una particella è una proprietà della stessa che non ha un corrispettivo in fisica classica, anche se si può fare l'analogia con le proprietà di una «trottola» che ruota su se stessa, in senso orario o in senso antiorario, corrispondenti (con una piccola forzatura) a uno spin positivo o a uno spin negativo. Gli elettroni hanno spin 1/2, vale a dire +1/2 oppure –1/2. Quindi in un atomo due elettroni possono avere gli altri numeri quantici uguali, ma per quanto riguarda lo spin, uno deve essere positivo e l'altro negativo. Inevitabilmente.

A parte gli elettroni, tutte le altre particelle elementari devono avere uno spin, intero, come 0, 1 o 2, oppure «semi-intero», come 1/2 o 3/2. Le particelle che hanno uno spin intero sono dette collettivamente bosoni, mentre quelle con spin semi-intero sono dette fermioni. La differenza è fondamentale: in un dato stato di bosoni possiamo averne quanti vogliamo, mentre di fermioni no. Gli «assembramenti» di fermioni sono proibiti. Generalmente parlando, le particelle che compongono la materia sono fermioni, mentre le entità subatomiche che veicolano una forza, detta spesso anche interazione, sono bosoni. Per esempio gli elettroni e i protoni, che sono entrambi fermioni, sono tenuti insieme da uno scambio, anche virtuale, di fotoni, i trasportatori e mediatori del campo elettromagnetico, che sono bosoni. Ci ritorneremo presto.

Nel nucleo, lo ricordiamo, ci sono protoni, carichi positivamente, e neutroni, elettricamente neutri. Il numero di protoni, e quindi di elettroni, corrisponde a ciascuna specie chimica e rappresenta il numero atomico della stessa. Il numero di protoni più quello dei neutroni, due tipi di particelle chiamate collettivamente nucleoni, rappresenta il peso atomico. Il numero di neutroni presenti in un atomo può variare un po'. Atomi con lo stesso numero atomico ma diverso peso atomico, cioè con qualche neutrone in più o in meno, sono detti isotopi. Il normale idrogeno, $^{1}H$, il deuterio, $^{2}H$, e il trizio, $^{3}H$, ne costituiscono un esempio. Molti isotopi non canonici sono radioattivi.

La radioattività consiste in una trasformazione implicante per lo più un'attività spontanea consistente nell'emissione di raggi alfa, beta e gamma. I raggi alfa e beta sono particelle, mentre i raggi gamma sono radiazioni di altissima frequenza. I raggi beta non sono altro che elettroni espulsi, mentre i raggi alfa sono atomi di elio bi-ionizzati. L'esistenza della radioattività beta o, come spesso si dice, del decadimento beta, rivela l'esistenza di una delle quattro forze fondamentali dell'universo, la forza nucleare debole. La radioattività costituì una scoperta clamorosa della fine dell'Ottocento, che trovò la sua spiegazione soltanto nel nuovo secolo.

La fisica quantistica o, secondo la dizione comune, la meccanica quantistica, trovò la propria sistematizzazione grazie all'opera di molti autori, tra i quali spiccano: l'austriaco Erwin Schrödinger, che propose una meccanica ondulatoria, e il tedesco Werner Heisenberg, che suggerì una cosiddetta meccanica delle matrici. I due approcci portano agli stessi risultati e presentano ciascuno vantaggi e svantaggi. Non c'è dubbio però che lo strumento principe della meccanica quantistica è l'equazione di Schrödinger. La risoluzione di ogni problema atomico o subatomico comincia in genere con la stesura della corrispondente equazione di Schrödinger. È ovvio che una cosa è scriverla e un'altra è risolverla, ma costituisce comunque un ottimo inizio.

Il risultato della risoluzione di tale equazione è una cosiddetta funzione d'onda, una complessa funzione associata a ogni particella, che ne descrive in tutto e per tutto il comportamento e alla quale abbiamo appena accennato nel capitolo precedente. Grandi dispute ci sono state fin da principio sul significato fisico della funzione d'onda che contiene, abbiamo detto, anche numeri immaginari e complessi. La soluzione che si è poi affermata è quella proposta da Max Born, secondo la quale il quadrato della funzione d'onda in uno specifico punto dello spazio rappresenta la probabilità che la particella in questione vi si trovi in quel momento. Tale affermazione è parte integrante dell'interpretazione di Copenaghen dei fenomeni quantistici. Combinando inoltre la funzione d'onda con l'espressione matematica delle grandezze fisiche implicate nel fenomeno, dalla quantità di moto al momento magnetico della particella, si ottiene la probabilità che la grandezza in oggetto abbia proprio questo o quel valore.

In qualche raro, rarissimo caso la funzione d'onda consta di un unico termine; viene nominata allora autofunzione o autostato ed è associata a un unico numero, chiamato autovalore, che indica l'energia posseduta dalla particella. In tal caso, definito spesso «stato puro», non c'è nessuna ambiguità né sovrapposizione di stati: la particella sta in quel punto con quella energia, e l'osservazione non può che confermare tale dato. Ma questo, abbiamo visto, accade di rado. In genere la funzione d'onda consta di più termini che rappresentato altrettanti stati possibili, ciascuno con la sua probabilità di essere quello giusto. È di questo che si parla matematicamente riguardo alla sovrapposizione di stati nei quali «si trova» contemporaneamente una particella, se si studia l'evoluzione del comportamento della particella. Nel momento però in cui si fa una rilevazione diretta su di quella, si ha il collasso della funzione d'onda, che evolve bruscamente verso uno e uno solo dei suoi termini.

Ogni osservazione – non ogni osservatore, si badi bene! – fa collassare la funzione d'onda e le fa assumere una specifica forma tra le tante che poteva prendere fino a un attimo prima. Così la particella è «in trappola», nei limiti in cui ciò è permesso dal principio d'indeterminazione di Heisenberg, e si trova in un solo specifico stato. Ma di questo abbiamo parlato poco sopra, con tutti i risvolti interpretativi e filosofici del caso. La funzione e il suo collasso costituiscono il centro vitale di tutta la meccanica quantistica, cioè della nostra conoscenza del mondo delle particelle. Rappresenta una delle poche cose che ognuno dovrebbe sapere di questo affascinante mondo.

A questo punto entra in scena un altro gigante, Paul Adrien Maurice Dirac. Nel 1928 Dirac si ripropose di scrivere un'equazione di Schrödinger per un elettrone che tenesse conto della relatività ristretta, che fosse cioè anche invariante per una trasformazione relativistica. Ne nacque quella che passò alla storia come equazione di Dirac. Tale equazione introduceva in maniera automatica e «naturale» lo spin dell'elettrone. La sua risoluzione aprì anche la porta all'antimateria. I risultati erano infatti compatibili con l'esistenza degli elettroni negativi e degli ipotetici elettroni positivi, poi ribattezzati positroni. Enorme fu il disorientamento dei contemporanei e dello stesso Dirac quando ci si rese conto di questa particolarità. Ma fu un momento: se si fonde meccanica quantistica e relatività ristretta s'introduce automaticamente l'esistenza di antiparticelle, effettivamente scoperte di lì a poco.

Quando si parla di capacità di previsione della grande fisica, non si può non fare riferimento a tale evento, quanto se non più delle osservazioni dei pianeti esterni del sistema solare, la cui posizione nel cielo fu anticipata al secondo d'arco dai calcoli degli astronomi dal Settecento al Novecento, sulla base del disturbo che quelli creavano alle orbite dei pianeti più interni.

Nessuno sospettava, nemmeno lontanamente, che potessero esistere delle antiparticelle. Dirac scrisse un'equazione, semplice ed elegante, per quanto lo può essere un'equazione, in grado di descrivere il moto di una particella in una maniera compatibile con le condizioni della relatività einsteiniana. Tentando di risolverla si accorse che conteneva qualcosa che lui consapevolmente non ci aveva messo: oltre l'elettrone doveva esserci anche un antielettrone, poi ribattezzato positrone. Mai previsione teorica fu più folgorante e potente e mai un'equazione fu capace di vedere così lontano. Molto più lontano della ragione argomentante e del complesso di convinzioni allora prevalente.

Oggi sappiamo che ogni particella ha la sua antiparticella: il protone ha l'antiprotone, il neutrone ha l'antineutrone e così via. La materia ha così la sua antimateria; l'incontro di materia e antimateria porta all'annichilazione di entrambe, con la produzione di una coppia di fotoni. Tali fotoni possono poi anche fondersi per dar vita a nuova materia. L'incontro di un elettrone con un positrone, la loro annichilazione reciproca e la possibile riformazione di una coppia elettrone-positrone illustra bene due concetti. In primo luogo, la scomparsa di un elettrone e la «sua» rispettiva riformazione chiariscono meglio di qualsiasi altro fenomeno l'impossibilità per una particella di avere un'identità. In secondo luogo, lo spazio «vuoto» può presentarsi «animato» da innumerevoli coppie virtuali di particella e antiparticella, che si annichilano e si riformano in continuazione.

In questo modo il vuoto non è più vuoto, ma rappresenta un campo di interazioni e di continua creazione e annichilazione di particelle e di forze: nasce così la teoria dei campi quantistici, detta anche elettrodinamica quantistica, abbreviata in QED, il frutto più prezioso della coniugazione di relatività ristretta e quanti. Richard Feynman, il fisico che tanta notorietà ha acquisito nel tempo per il suo anticonformismo e la sua simpatia, dette qui il suo contributo maggiore e pose su nuove basi tutta la questione delle interazioni fra radiazioni e tra radiazioni e materia. L'elettrodinamica quantistica occupa ancora oggi un posto di assoluto rilievo nel panorama della fisica teorica e costituirà, vedremo tra un attimo, il modello per la successiva cromodinamica quantistica, che regola il comportamento delle particelle subnucleari.

In mano a Feynman e ad altri scienziati, l'elettrodinamica quantistica divenne un eccezionale strumento di ricerca, di rara potenza e precisione. Dette conto con un'approssimazione incredibile dell'entità di fenomeni come l'effetto Lamb e del valore della cosiddetta costante di struttura fine, e risolse un paradosso fisico associato all'energia di un elettrone libero nel vuoto. In effetti, ragionarono costoro, quest'ultimo è una sorta di controsenso. Dall'elettrone «nudo» partirà un certo numero di particelle virtuali: come minimo un fotone che verrà subito riassorbito dall'elettrone stesso, oppure tutta una serie di fotoni e particelle la cui momentanea esistenza è prevista dalle leggi di conservazione della fisica e dal principio di indeterminazione di Heisenberg. Per calcolare con esattezza le caratteristiche dell'elettrone libero, occorre quindi tenere conto dell'insieme di questi processi virtuali ricorrenti e ramificati.

Intanto Einstein, che nel frattempo aveva inventato e sviluppato la relatività generale della quale parleremo tra poco, continuava a nutrire dubbi sulla validità della meccanica quantistica, che pure aveva contribuito a far nascere. E cercava in continuazione argomenti per dimostrarne l'inconsistenza o, almeno, l'incompletezza. Si inventò un esperimento mentale che avrebbe dovuto ottenere questo scopo e lo elaborò con l'aiuto di due altri fisici, Boris Podolsky e Nathan Rosen. Ne uscì il famoso esperimento di Einstein, Podolsky e Rosen, detto anche paradosso EPR. Immaginarono una particolare sorgente che emette contemporaneamente due particelle, diciamo due elettroni, in direzioni opposte. Uno avrà lo spin in su e l'altro in giù, ma non possiamo sapere chi l'ha giù e chi l'ha su: le due particelle sono legate da un destino intrecciato, sono quantisticamente *entangled*, ovvero invischiate, interconnesse.

Se però osservo lo spin effettivo di una delle due, la funzione d'onda collassa, e automaticamente l'altra particella avrà lo spin opposto alla prima, non importa quanta strada abbiano fatto le due particelle da quando si sono separate. Se io osservo che una delle due ha lo spin su, «so» all'istante che l'altra avrà lo spin giù, e lo posso ovviamente verificare. L'informazione che così acquisisco sulla particella che non osservo ha «viaggiato» a una velocità infinita, in aperta violazione dei principi della relatività ristretta. Ciò è paradossale, ragionarono i nostri autori, e ci sarà allora qualcosa che non va negli assunti di partenza. La meccanica quantistica è quindi per lo meno incompleta!

L'esperimento sembra anche contraddire il principio di località, secondo cui i processi fisici non possono avere effetto immediato su elementi fisici di realtà in un altro luogo separato da quello in cui avvengono. A prima vista questa appare un'assunzione ragionevole – e a livello macroscopico certamente lo è – in quanto conseguenza della relatività speciale, la quale afferma che le informazioni non si possono mai trasmettere a una velocità maggiore di quella della luce senza contravvenire alla causalità. È comune ritenere che una teoria che violi la causalità sia anche internamente inconsistente, e quindi del tutto insoddisfacente.

Si è trovato in realtà che la meccanica quantistica viola il principio di località senza violare la causalità. La causalità è preservata perché non c'è alcun modo per il primo osservatore di trasmettere un messaggio efficace al secondo osservatore, ciò significa che è assolutamente impossibile per lui o lei influire sul risultato che otterrà quell'altro. Inoltre il secondo osservatore può fare la sua misura una sola volta, in quanto il collasso della funzione d'onda provocato dalla misura perturba in maniera irreversibile lo stato misurato. Esiste poi una proprietà fondamentale della meccanica quantistica, nota come *no cloning theorem*, teorema dell'impossibilità di clonare, che rende impensabile per l'osservatore fare, diciamo, un milione di copie dell'elettrone che riceve, eseguire misure su ciascuno di quelli e poi analizzare la distribuzione statistica dei risultati. Tuttavia il principio di località ha un forte richiamo sull'intuizione fisica di livello macroscopico, e Einstein, Podolsky e Rosen non avrebbero voluto abbandonarlo. Einstein derise le specifiche predizioni della meccanica quantistica come una «rovinosa azione a distanza». La conclusione che ne trassero fu quindi che la meccanica quantistica non fosse una teoria completa.

Niente di tutto questo. Non fu difficile dimostrare negli anni che l'esperimento, lungi dall'invalidare la spiegazione quantistica dei fenomeni fisici, suggeriva una nuova, inusitata, proprietà delle particelle elementari, che ha preso il nome, usualmente non tradotto, di *entanglement*, che alla lettera vorrebbe dire appunto invischiamento, allacciamento. Due particelle entangled, che una volta tradussi scherzosamente con «allacciate in un tango», si comportano esattamente come abbiamo detto, che si tratti di elettroni e di spin, come abbiamo appena supposto, o di fotoni e di polarizzazione. Fino a quando non se ne osserva almeno una, non si può sapere niente né di quella né dell'altra, ma appena se ne osserva in maniera sperimentale una e la si trova in un certo stato, lo stato dell'altra ne risulta automaticamente e istantaneamente determinato.

Il paradosso EPR ha reso più profonda la comprensione della meccanica quantistica, mettendo in evidenza le caratteristiche fondamentalmente non classiche del processo di misura. Prima della pubblicazione dell'articolo di Einstein, Podolsky e Rosen, una misura era in genere vista come un processo fisico di perturbazione, inflitto direttamente al sistema sotto misura. In altri termini, se si fosse misurata la posizione di un elettrone, per esempio illuminandolo con la luce, cioè con un flusso di fotoni, l'urto dei fotoni con l'elettrone, necessario per illuminarlo e «vedere» dov'è, avrebbe disturbato, abbiamo visto, lo stato quantomeccanico dell'elettrone, per esempio modificandone la velocità e producendo così incertezza sulla sua misura effettiva. Tale spiegazione viene molto ridimensionata dall'analisi di Einstein, Podolsky e Rosen, la quale mostra chiaramente come possa effettuarsi una «misura» su una particella senza disturbarla, eseguendo una misura su un'altra particella distante, ma entangled con la prima.

Ormai l'entanglement quantistico è divenuto di fatto un concetto acquisito che ispira molte ricerche volte a comprendere e approfondire il fenomeno, che resta però ancora oggi un problema da metabolizzare dal punto di vista epistemologico, in quanto appare incompatibile con il principio apparentemente ovvio e realistico della località, per la quale il passaggio di informazione tra diversi elementi di un sistema può avvenire soltanto tramite interazioni causali dirette e successive, che agiscano spazialmente dall'inizio alla fine. Secondo il principio di località, per fare un esempio grossolano, il pugno di una persona può colpire il naso di un'altra soltanto se si è abbastanza vicini, o se si è in grado di mettere in moto meccanismi che, passo dopo passo, giungano fino al suo naso.

Sono state sviluppate e stanno progredendo svariate tecnologie basate proprio sull'esistenza dell'entanglement quantistico. Nella crittografia quantistica si usano particelle entangled per trasmettere segnali che non possono essere intercettati senza lasciare traccia dell'avvenuta intercettazione. Nella computazione quantistica si impiegano stati quantistici entangled per eseguire calcoli in parallelo, che permettono elaborazioni con velocità altrimenti non raggiungibili con i computer classici. Approfittando di tale fenomeno sono stati inoltre progettati esperimenti relativi al teletrasporto, cioè sul trasporto a distanza, quantistico, su cui si appuntano le speranze di nuove tecnologie. Sebbene non si possa trasmettere informazione attraverso il solo entanglement, l'utilizzazione di un canale di comunicazione classico in congiunzione con uno stato entangled permette il teletrasporto di uno stato quantistico, che sarebbe altrimenti impossibile, poiché richiederebbe una quantità infinita di informazione per essere precisato. Il coinvolgimento dell'entanglement rende possibili inoltre precisissime determinazioni di posizione.

Da notare inoltre che il laboratorio di Zeilinger, ora a Vienna, ha mostrato ultimamente che si può ricorrere a «uno scambio ritardato di entanglement» per decidere se due particelle erano entangled o no, anche dopo che sono state osservate e misurate. Più di recente tale tecnica è stata usata per produrre un entanglement tra due fotoni che non sono mai coesistiti, dimostrando così che «la nonlocalità della meccanica quantistica manifestata con l'entanglement non si applica solamente a particelle che sono separate nella dimensione spaziale, ma anche a particelle separate nella dimensione temporale». Insomma, anche stati che dal punto di vista classico sono chiaramente separati possono rivelarsi entangled, comprovando che tale proprietà delle cose piccole e meno piccole può essere pervasiva.

C'è qualcosa di grandioso, seppur vagamente sinistro, in questa visione. Se si toccano le corde giuste, l'universo risuona nel suo complesso, e questi effetti sembrano manifestarsi proprio dove meno ce lo aspetteremmo: nell'inafferrabile mondo dell'infinitamente piccolo. Centrale risulta così il fatto che la funzione d'onda quantistica si estende a tutto lo spazio. Se a ciò aggiungiamo che, come sappiamo e vedremo meglio tra poco, l'universo nel suo insieme si espande, arriviamo alla conclusione che la grande scienza offre squarci di significatività e di poesia sulla compagine del tutto, che nessun'altra attività umana, che non sia puramente rappresentativa e lirica, può nemmeno lontanamente offrire.

I tempi che seguirono la formulazione della teoria dei campi e la continua rivelazione di nuove particelle e antiparticelle, videro la moltiplicazione delle particelle note – elettrone, protone, neutrone, vari tipi di mesoni (essenzialmente pioni $\pi$ e muoni $\mu$) e neutrini – e l'osservazione di sempre nuovi esemplari dello zoo delle particelle. Si cominciavano intanto a studiare i prodotti delle collisioni prodotte nei recenti acceleratori di particelle. Alcune di queste collisioni lasciavano incerte tracce che vivevano frazioni minuscole di secondo, e non si sapeva fare altro che battezzarle «risonanze». Poi, daccapo, tutto cambiò.

Si cercò di vedere di che cosa fossero composti i protoni e i neutroni e si giunse alla conclusione che sia questi sia i pioni erano fatti di un nuovo tipo di particelle, ancora più strane di quelle che erano già conosciute, i quark, mentre elettroni, muoni e neutrini non avevano componenti più piccole al loro interno. I quark più abbondanti, cosiddetti di prima generazione, sono *up* e *down*. Un protone è fatto di due quark up e uno down; un neutrone di un up e due down. Un mesone è formato di un quark e un antiquark; per esempio il più noto, il pione, è fatto di un quark up e da un *antidown*. I quark possiedono una carica elettrica frazionaria e sono tenuti insieme da un nuovo tipo di forza o interazione universale, la forza nucleare forte, potentissima a brevissima distanza. Forte in greco si dice *hadròs* e adroni sono chiamate tutte le particelle che «sentono» tale forza, cioè quark, protoni, neutroni e pioni. La particella che media la forza nucleare forte è detta gluone.

Abbiamo visto che alcuni decadimenti radioattivi hanno rivelato l'esistenza un'altra forza, la forza nucleare debole che agisce fra leptoni – cioè elettroni, muoni e neutrini –, fra leptoni e quark e anche fra quark e quark. A seconda dei casi la forza debole è mediata dalla particella neutra $Z^0$ o dalle particelle cariche $W^+$ e $W^-$. Queste ultime tre particelle sono dette bosoni, insieme a tutte le altre che mediano forze o interazioni, cioè il fotone e il gluone, mentre sono dette fermioni, come abbiamo già chiarito, le particelle che interagiscono fra di loro, come quark e leptoni.

Per rendere conto di quasi tutte le cose del mondo basterebbero in fondo due quark, up e down, l'elettrone e il neutrino. La faccenda non è però così semplice. Tutto va moltiplicato per tre, non sappiamo perché, dal momento che queste particelle rappresentano solo quella che si chiama la prima generazione. Ce ne sono infatti altre due. La seconda implica altri due quark, *charm* e *strange*, il muone $\mu$ e il neutrino muonico, mentre la terza aggiunge ulteriori due quark, *top* e *bottom*, il tauone $\tau$ e il neutrino tauonico.

Questi fermioni e i bosoni che mediano le loro interazioni sono rappresentati nella Tabella seguente. Le particelle riportate sono quelle che costituiscono il cosiddetto modello standard, anche se al quadro va adesso aggiunto il bosone di Higgs.

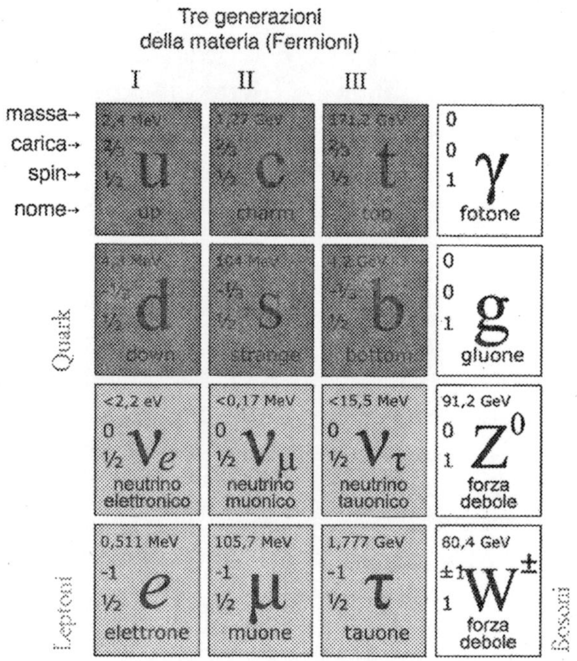


Ricapitoliamo. I fermioni, i quali coincidono con quelle che di solito chiamiamo particelle più i quark, prendono il nome dal fatto di obbedire alla cosiddetta statistica di Fermi-Dirac, di risentire del principio di esclusione di Pauli, di avere uno spin semi-intero e di possedere invariabilmente una massa. Comprendono a loro volta gli adroni, che sono soggetti alla forza nucleare forte, e i leptoni, che non lo sono.

I bosoni, che mediano tutti i tipi d'interazione fra particelle, prendono il nome dal fatto di obbedire alla cosiddetta statistica di Bose-Einstein, di non risentire del principio di esclusione di Pauli, di avere uno spin intero e di non possedere sempre una massa (fotoni e gluoni, per esempio, non ce l'hanno). Comprendono i fotoni, i gluoni, i cosiddetti bosoni intermedi $Z^0$, $W^+$ e $W^-$, il gravitone, se esiste, e il bosone di Higgs.

Si era così completato il quadro delle quattro forze fondamentali: gravitazione, forza nucleare debole, elettromagnetismo e forza nucleare forte. Posto come 1 la forza della gravitazione, la più debole, quella delle altre assume valori di $10^{25}$, $10^{36}$ e $10^{38}$. Tutte le particelle materiali sentono la gravitazione, tutte le particelle cariche sentono l'elettromagnetismo, mentre gli adroni avvertono anche la forza nucleare forte e i leptoni non le sono soggetti. Si è fatto così un po' d'ordine e lo zoo delle particelle si è ridimensionato. Si è visto successivamente che a energie molto alte l'elettromagnetismo e la forza nucleare debole si fondono in una forza detta elettrodebole.

È simmetrico l'universo? O, meglio, quanto è simmetrico? Occorre soffermarci sulla simmetria nella fisica delle particelle. Si dice che un oggetto possiede una simmetria se alcune sue caratteristiche si ripetono – due volte, alla sua destra come alla sua sinistra, e si parla di simmetria speculare – o diverse volte come in una simmetria rotazionale di un poligono regolare o di una torta guarnita. Tutti sanno che cosa questo significa e sono in grado di riconoscere tali semplici elementi di simmetria. Passando a una definizione più astratta, si può dire simmetrica una situazione, se questa non muta dopo una o più operazioni eseguite su di essa. Per esempio, la simmetria speculare si può definire come l'insensibilità del fenomeno in questione alla riflessione in uno specchio, o la simmetria rotazionale come insensibilità alla rotazione di un dato numero di gradi.

La simmetria più semplice è la riflessione in uno specchio o, meglio, l'inversione delle coordinate spaziali, un'operazione detta parità, e simboleggiata come P. Come cambiano le leggi della fisica a seguito di una tale operazione? Il buon senso e il principio di ragion sufficiente direbbero che non cambiano affatto. Sembrerebbe che non dovessero esserci dubbi, e non ce ne furono fino al 1956. Ma in quell'anno ci si accorse che alcune interazioni implicanti la forza nucleare debole risentivano in effetti dell'operazione di riflessione speculare. Si trattava, per la precisione del decadimento del kaone, il mesone κ. Fu una sorpresa per tutti e causò un vero sconcerto in alcuni scienziati: in quel tipo di reazioni la parità era violata. La reazione speculare di una premessa era vietata, il che vuol dire che la natura distingue tra la destra e la sinistra o, se vogliamo scherzare, possiamo affermare che la natura ha un debole per la destra o la sinistra!

Un'altra simmetria è data dalla coniugazione di carica, C, e consiste nello scambiare una particella con la propria antiparticella. Le reazioni deboli che non conservano P, non conservano nemmeno C, ma conservano la combinazione delle due simmetrie, detta CP. Se nella reazione speculare si sostituisce anche ogni particella, per esempio un neutrino, con la propria antiparticella, per esempio un antineutrino, la reazione viene permessa. Se ne concluse che se la natura non è simmetrica per P né per C, lo può essere per CP, e ci si dette pace. Ma solo per poco.

Nel 1964 fu infatti individuato un altro processo di decadimento implicante l'intervento della forza debole che viola anche la simmetria combinata CP. Si tratta anche questa volta dei kaoni neutri. Si dimostrò successivamente che anche il decadimento dei mesoni B neutri contraddice la simmetria CP.

Esiste però un teorema della fisica delle particelle, scoperto già nel 1954, secondo cui ogni teoria fisica che rispetti la simmetria relativistica e il principio di causalità deve necessariamente essere invariante per la tripla simmetria CPT, dove T sta per l'inversione del tempo. Detto tra parentesi, il teorema dell'invarianza CPT assicura che le masse di una particella e della sua antiparticella siano uguali.

Un fenomeno che viola CP, quindi, deve anche necessariamente violare T. Devono quindi esserci fenomeni implicanti l'interazione debole che non sono invarianti per T, e hanno perciò una preferenza per una direzione temporale piuttosto che per l'altra. Nel 1996 al CERN di Ginevra si verificò infatti che la probabilità che il solito kaone neutro si trasformasse in un antikaone fosse leggermente superiore a quella della trasformazione inversa. Queste particelle non obbediscono quindi né alla simmetria C né a quella P, e nemmeno a quella T, prese singolarmente, anche se obbediscono alla simmetria combinata CPT. La natura non finisce mai di stupirci, e questo fatto è accessibile soltanto per via sperimentale. Altro che ricercare la verità dentro di sé.

Forse è opportuno illustrare qualche altro aspetto dei quark, in quanto sono gli oggetti più nuovi e bizzarri comparsi all'orizzonte nel mondo delle particelle. Portano cariche frazionarie, ovvero 1/3 o 2/3 della carica dell'elettrone, hanno spin 1/2 e non si trovano mai isolati. I sei tipi di quark si differenziano tra di loro per quello che viene detto il loro sapore, individuato da un complesso di cinque numeri quantici. Un quark può cambiare sapore solo in seguito a un'interazione debole, per esempio emettendo un bosone W.

La teoria che rende ragione del comportamento dei quark (e dei corrispondenti gluoni) prende il nome di cromodinamica quantistica (QCD). Secondo questa, i quark possiedono un'altra proprietà chiamata carica di colore, che non ha niente a che vedere ovviamente con i colori reali; invece di due tipi differenti di carica come nell'elettromagnetismo, la carica di colore è di tre tipi: rosso, verde e blu, più le loro anticariche. Attualmente non sono state osservate particelle colorate: tutte le particelle conosciute hanno colore neutro. I protoni e i neutroni sono quindi composti da un quark rosso, uno verde e uno blu; i pioni, invece, sono composti da un quark e da un antiquark del corrispondente anticolore. I colori dei quark non sono statici, ma vengono scambiati, sempre mantenendo il risultato neutro, dagli otto tipi di gluoni, anch'essi dotati di carica di colore e responsabili, come sappiamo, della propagazione dell'interazione forte.

È proprio l'interazione forte a tenere insieme i quark per formare le particelle che costituiscono il nucleo degli atomi, protone e neutrone; un effetto secondario di questa forza è quello di riunirli nel nucleo stesso, nonostante siano tutti neutri o elettropositivi. A causa dell'estrema intensità della forza nucleare forte, i quark non si trovano mai liberi, un fenomeno che chiamiamo confinamento. La forza nucleare forte è in verità molto potente a una certa distanza, ma declina drammaticamente a piccolissime distanze. Si ritiene infatti che i quark presenti in un protone o in un neutrone godano di una certa libertà quando non si fa niente per allontanarli. Il fenomeno è detto libertà asintotica e può servire a spiegare perché in certe reazioni nucleari ad altissima energia un protone o un neutrone possono sembrare composti di particelle relativamente libere, che una volta venivano chiamate partoni.

Lo zoo delle particelle si è incredibilmente ridotto e sistematizzato. I protagonisti assoluti sono tutti rappresentati nella Tabella sopra riportata. Esiste per qualche tempo qualche altra particella minore, ma non la fa da protagonista. Nella Tabella brilla per assenza il gravitone, il bosone della gravità, la forza che pervade l'universo. È probabile che esista, ma per ora non ne abbiamo le prove.

Resta ancora qualche problema per quanto riguarda la massa o, meglio, la massa-energia di tutte le particelle. Nel lontano 1964 il fisico britannico Peter Higgs e altri teorizzarono l'esistenza di un campo generato da un bosone abbastanza pesante che ha preso il nome di bosone di Higgs. Questo campo servirebbe ad assegnare automaticamente le masse a tutte le diverse entità della fisica.

La particella è divenuta molto nota e «chiacchierata» per una fortuita coincidenza dovuta a un'istruttiva vicenda editoriale. Il fisico americano Leon Lederman pubblicò nel 1993 un libro divulgativo intitolato *La particella di Dio*, che poneva appunto il problema del bosone in questione. Il titolo originale era però *The Goddamn Particle*, la dannata particella, ma l'editore glielo cambiò in *The God Particle*, appunto la particella di Dio o la particella Dio. Potenza dei media!

Per fortuna la particella è realmente importante – all'inizio della storia dell'universo può aver giocato davvero il ruolo di particella Dio – e nel 2013 due gruppi di ricerca hanno annunciato di avere prove definitive della sua esistenza, così che al momento il bosone di Higgs va aggiunto alle particelle, fermioni e bosoni, riportate nella Tabella.

# L'immensamente grande

Il mondo del piccolo è dunque popolato di entità sfuggenti e misteriose che obbediscono a leggi ferree ma incomprensibili. Che dire, sull'altro versante, quello del mondo dell'immensamente grande, che ospita entità enormi come pianeti, stelle, galassie e ammassi di galassie, e dell'universo stesso? All'interno degli astri ci sono le particelle e talvolta gli atomi. Questi e quelle seguono le leggi della fisica quantistica, e la luce che molti corpi celesti emettono è una conseguenza dell'azione di queste strane leggi. Al di fuori dei corpi celesti esiste però lo spazio interstellare, anzi lo spazio-tempo interstellare con le sue proprietà.

Una decina di anni dopo aver sconvolto il mondo con la sua proposta sulla relatività, Einstein ne suggerì nel 1916 un'estensione quasi naturale che prende il nome di relatività generale, e si affianca alla relatività speciale o ristretta del 1905. In quel caso Einstein si era interrogato sulle conseguenze di un principio di relatività al quale aveva già pensato Galileo: le leggi della fisica devono essere le stesse per due osservatori che si muovono di moto rettilineo uniforme l'uno rispetto all'altro. Due sistemi di riferimento che procedono in questa maniera uno rispetto all'altro si dicono inerziali. Ora Einstein pose una condizione ancora più stringente: le leggi della fisica devono essere le stesse per due osservatori che si muovono l'uno rispetto all'altro di un moto qualsiasi, anche non inerziale. Vale a dire che devono essere le stesse per qualsiasi osservatore, non importa come messo e come mosso. È chiaro che la cosa è assai più complessa e articolata, perché entra in gioco l'accelerazione, anzi diversi tipi di accelerazione.

È per questo che la nuova teoria si chiama teoria della relatività generale; possiede infatti una validità molto più diffusa della precedente e risulterà, vedremo, sconvolgente. Lo scopo dichiarato è quello di offrire una visione più ampia dei fenomeni fisici, ma il risultato finale sarà nientemeno che una nuova teoria della gravitazione.

Einstein partì dal principio di equivalenza, di cui abbiamo già parlato qualche pagina fa. Abbiamo detto, infatti, che per quanti sforzi si facciano non si riesce a determinare nessuna differenza fra la massa inerziale e quella gravitazionale di un corpo. La massa inerziale si esprime come resistenza alla messa in movimento, mentre la massa gravitazionale media la risposta che il corpo in questione dà all'attrazione gravitazionale. Dal momento che le due definizioni sembrano molto diverse, perché le due masse sono numericamente uguali? Una domanda inquietante che aspetta una risposta da secoli. Einstein crede di averla individuata facendo un tutt'uno di gravitazione e accelerazione.

Un uomo che si trova in una cabina in caduta libera osserva gli stessi fenomeni che se fosse in un ascensore che sale con un'opportuna accelerazione. Stando dentro non può notare alcuna differenza, né su di sé, né sui corpi che tiene in mano o lancia in varie direzioni. Questa è la formulazione del nuovo, più severo, principio di equivalenza che Einstein impone all'osservazione dei fenomeni fisici. Se si impone un principio di equivalenza del genere non si può concludere che la geometria e la metrica dello spazio-tempo sono sensibili alla forza di gravità. In altre parole un corpo con una cospicua massa «incurva» lo spazio-tempo intorno a sé secondo precise formule, le equazioni della relatività generale di Einstein appunto.

Aggiungiamo qualche dettaglio. Il principio di equivalenza afferma che – almeno localmente, cioè in una regione non troppo grande dello spazio-tempo – se il sistema di riferimento si muove di moto non uniforme, gli effetti di tale moto sono del tutto equivalenti a quelli di un opportuno campo gravitazionale. In sostanza, un osservatore risentirebbe delle stesse sollecitazioni sia in un sistema di riferimento accelerato ma in assenza di un campo gravitazionale, sia in un sistema di riferimento in quiete ma in presenza di un campo gravitazionale: con misure condotte nel proprio laboratorio, non potrebbe stabilire con certezza in quale delle due condizioni si trova. Analogamente, un osservatore in caduta libera in un campo gravitazionale non ha modo di distinguere la sua situazione da quella sperimentata da un osservatore inerziale, almeno fino al momento in cui il suo moto cessa bruscamente, perché è... arrivato.

Nel costruire la teoria della relatività generale, Einstein volle mantenere l'identità fra le linee di universo degli osservatori inerziali – che ora, però, sono equivalenti agli osservatori in caduta libera in un campo gravitazionale – e le geodetiche, cioè le linee di minimo percorso dello spazio-tempo. Tuttavia, in un campo gravitazionale, due osservatori sulle prime a riposo uno rispetto all'altro con il passare del tempo non lo rimangono, dato che il loro moto converge, seppur lentamente, verso la sorgente del campo gravitazionale stesso. Così, nella relatività generale, un campo gravitazionale si manifesta nel fatto che due geodetiche della metrica spazio-temporale distinte e parallele fra loro possono incontrarsi. In altre parole, lo spazio-tempo è curvo, a curvatura positiva.

Apriamo una breve parentesi. La nostra geometria piana è definita spesso euclidea. Che cosa vuol dire? Dall'inizio dei tempi e fino alla metà dell'Ottocento si è ritenuto che il quinto postulato di Euclide fosse appunto un postulato, ovvero un'affermazione indiscutibile. Tale postulato afferma che per un punto esterno a essa esiste una e una sola parallela a una retta data. Trattando problemi di geometria piana tale postulato va più che bene, ma in una certa epoca storica ci si rese conto di potere benissimo fare a meno di questa assunzione, lavorando su spazi curvi. Al posto delle rette si può parlare quindi di geodetiche, definite come il cammino più breve (permesso) tra due punti, e considerare l'ipotesi che nelle condizioni del quinto postulato di Euclide non ci sia nessuna parallela oppure infinite parallele. Nel primo caso si ha uno spazio a curvatura positiva – come una sfera, per intendersi – e nel secondo caso uno spazio a curvatura negativa, tipo iperboloide, come la superficie di una sella. È facile osservare che su una sfera, per esempio la Terra, non possono esserci parallele, perché le geodetiche, cioè i cosiddetti cerchi massimi – i meridiani – si incontrano sempre in due punti: i poli. Sulla superficie di una sella, al contrario, le geodetiche non s'incontrano mai. Interessante è anche quello che succede agli angoli di un triangolo. Nella geometria piana, cioè euclidea, la somma degli angoli interni di un triangolo è notoriamente 180°; per uno spazio a curvatura positiva è maggiore di 180°, mentre per un spazio a curvatura negativa è minore di 180°.

Queste considerazioni sono state altrettanti trionfi della nuova geometria, detta non-euclidea, che contiene come caso particolare quella euclidea, la quale tratta di superfici di curvatura nulla, cioè piane. Con Einstein e la relatività generale si è passati dal puro ragionamento matematico al tessuto connettivo della fisica e del suo spazio-tempo. Per la relatività generale lo spazio-tempo è a curvatura positiva – diciamo approssimativamente sferico – ma non è neppure inconcepibile una teoria che tratti lo spazio-tempo reale come realizzato mediante una curvatura negativa. E qui chiudo la parentesi.

La presenza di un campo gravitazionale si manifesta nella curvatura della geometria spazio-temporale: la gravità, quindi, cessa di essere una forza vera e propria per divenire una manifestazione della geometria dello spazio-tempo. Per trovare quale geometria spazio-temporale o quale campo gravitazionale sono associati a una data distribuzione della materia, Einstein scrisse un'equazione, nota come equazione di campo di Einstein, che fondamentalmente afferma e regolamenta il legame fra la curvatura dello spazio-tempo e la densità di energia degli oggetti materiali. In questo modo, la sua teoria della gravitazione è tale che gli effetti gravitazionali sono completamente descritti dalla struttura dello spazio-tempo, e la struttura stessa dello spazio-tempo è legata alla distribuzione della materia. Grazie a tale equazione, facendo ipotesi sulla struttura e sulla composizione dell'universo, si possono sviluppare svariati modelli di universo, che sono appunto le possibili soluzioni delle diverse equazioni di campo di volta in volta impostate.

Se si guarda, insomma, al cosmo e alla forza di gravitazione che vi domina si osservano strane cose. Le masse, soprattutto le grandi masse, incurvano lo spazio-tempo circostante, facendo per esempio rallentare gli orologi situati nelle vicinanze. Se il campo gravitazionale è molto forte il rallentamento è sensibile, ma ci può essere una lieve differenza nella misura del tempo anche fra due orologi identici funzionanti in un grattacielo, uno nello scantinato e l'altro sul tetto. Il primo andrà un po' più lento del secondo perché si trova a operare in un campo gravitazionale più intenso, anche se di poco, come è stato sperimentalmente accertato qualche anno fa.

Ma c'è di più. Se «sparo» un raggio gamma di alta frequenza dalla base di un grattacielo verso il suo ultimo piano, questo raggio arriverà in alto con una frequenza leggermente minore di quella che aveva in partenza. Una possibile spiegazione è che anche la luce perde energia facendo del lavoro contro il campo gravitazionale perché si porta verso una regione più lontana dalla sorgente del campo. Persino la luce quindi sente il campo gravitazionale, oppure il suo orologio accelera. Si tratta di due punti di vista diversi, ma alla fine equivalenti. Il fenomeno ha comunque un nome: è detto redshift, spostamento verso il rosso, gravitazionale.

La concezione dello spazio-tempo offerta dalla teoria della relatività generale ha una grandiosità inarrivabile. In questa visione sommamente astratta tutta la fisica del cosmo si può ricondurre a geometria, la geometria dello spazio-tempo. Una grossa stella incurva lo spazio-tempo intorno a sé. Un pianeta o una cometa orbitano intorno a essa perché quella percorsa è «la loro via», anzi l'unica via possibile. Lo spazio-tempo intorno alla stella è deformato da quella in modo tale che il pianeta o la cometa seguano nella maniera più naturale una data traiettoria perché è quella permessa dalla struttura locale dello spazio-tempo. Spazio, tempo, massa e gravità si fondono allora in un'unica equazione semplice e ambiziosa che descrive le varie realtà locali e l'intero universo.

La teoria della relatività generale ha ricevuto negli anni innumerevoli conferme, dal calcolo estremamente preciso della precessione del perielio di Mercurio alla sensibile deflessione che la luce di una stella lontana subisce passando vicina a un corpo celeste che si trova sul suo cammino. Mi ricordo però che ancora negli anni Sessanta del secolo scorso alcuni illustri fisici affermavano che la teoria della relatività generale costituiva solo un giochino per matematici.

I tempi sono cambiati, soprattutto grazie al concetto di espansione dell'universo e a quello di buchi neri. In primo luogo, la risoluzione dell'equazione einsteiniana mostra incontrovertibilmente che l'universo non può essere statico, ma deve espandersi in continuazione, altrimenti le masse precipiterebbero l'una addosso all'altra! Grandissima sorpresa per tutti, compreso lo stesso Einstein, ma l'idea che l'universo si stia espandendo è divenuta ormai familiare anche all'uomo della strada. D'altra parte, il fatto, definito paradosso di Olbers, che il cielo di notte sia scuro, invece che di una luminosità accecante, non può essere spiegato se non supponendo che le stelle e le galassie si allontanino costantemente, fuggendo da noi e le une dalle altre. Non è parimenti possibile comprendere perché a lungo andare stelle e galassie non precipitino le une sulle altre sotto l'azione della forza di gravità, se non invocando l'esistenza di un meccanismo di fuga e di espansione. È istruttivo notare a questo proposito come Einstein stesso fosse stato a suo tempo spiacevolmente sorpreso dal fatto che dalle sue equazioni discendesse la necessità di una continua espansione dell'universo e abbia cercato invano per anni una soluzione alternativa che salvasse il concetto a lui caro di un universo stazionario ed eterno.

Per ora le prove che l'universo si espande ci sono tutte, e sappiamo che si espande da 13,7 miliardi di anni o giù di lì. L'astronomo statunitense Edwin Hubble scoprì nel 1929 che le galassie lontane si allontanano da noi, e in misura crescente con la loro distanza: cioè più sono lontane e più si allontanano. Una stima della loro velocità di allontanamento si può avere osservando lo spostamento verso il rosso, chiamato usualmente redshift, delle varie linee spettrali presenti nello spettro di emissione dei diversi corpi celesti. Il fenomeno è essenzialmente il risultato di un effetto Doppler, anche se non è estraneo un certo livello di redshift gravitazionale, del quale abbiamo appena parlato. Il redshift si indica di solito con un parametro chiamato $z$, che è dato in buona approssimazione dal rapporto fra la velocità del corpo celeste stesso e quella della luce, cioè $v/c$. Le misure sempre più precise del ritmo con cui si allontanano le diverse galassie porta a determinare la cosiddetta costante di Hubble, $H_0$, anche se propriamente costante non è. Dalla stima migliore del valore della costante di Hubble si ricava l'età dell'universo, stimata fra 13,7 e 13,8 miliardi di anni.

L'universo nella sua totalità si espande e si può pensare che ci sia stato un momento in cui tutto era concentrato in un unico punto di densità infinita. Si ritiene che ciò sia accaduto appunto quasi 14 miliardi di anni fa. Si è verificata poi una gigantesca esplosione cui è stato dato il nome scherzoso di Big Bang, il grande schianto, e da allora l'universo ha cominciato a espandersi. Il tutto sembra semplicemente nato da una fluttuazione quantistica del vuoto. Quello che non sappiamo è se l'espansione durerà per sempre o arriverà un momento, per quanto remoto, in cui l'universo smetterà di espandersi e comincerà a contrarsi, con un fenomeno noto come *Big Crunch*. Ciò dipende dalla densità media dell'universo, il cui valore è ancora abbastanza controverso. Se tale densità è sufficientemente alta, prima o poi l'universo riprecipiterà su se stesso. Altrimenti si espanderà per sempre o addirittura accelererà la sua espansione.

Sono scenari da brivido, ma esistono numerosi studi che rendono tutto scientificamente ineccepibile, se non accettabile. Molti autori ritengono anche, abbiamo visto, che il fenomeno dell'espansione dell'universo sia la causa ultima, se non unica, dell'irreversibilità degli eventi della nostra vita. Se qualcosa di tanto fondamentale si presenta così palesemente asimmetrico, non è impossibile pensare di ricondurre tutte le altre asimmetrie temporali a questa.

Si può anche delineare a grandi linee una storia di che cosa è successo dopo il Big Bang. L'universo, costituito da principio di oggetti fisici quasi inimmaginabili, ha immediatamente cominciato a raffreddarsi ed è arrivato dopo 300.000 anni a contenere particelle e nuclei di idrogeno. Nel primo milione di anni si sono formate nubi gassose. A partire da 300 milioni di anni dopo l'inizio si formano da quelle stelle e piccole galassie, che poi si fondono in galassie più grandi. Dopo circa 9 miliardi di anni prende avvio per esempio la storia del nostro sistema solare.

Per entrare in dettagli ulteriori è necessario combinare lo studio dell'universo e delle grandi forze che lo forgiano con l'analisi del comportamento delle particelle elementari. Questo è il campo di studi dell'astrofisica, una disciplina in continua espansione.

È utile a questo proposito introdurre le cosiddette unità di misura di Planck espresse in termini delle tre costanti universali, delle quali abbiamo parlato da tempo, vale a dire *G*, la costante di gravitazione, *c*, la velocità della luce nel vuoto e *h*, la costante di Planck o, meglio, $\hbar$ che vale $h/2\pi$. Vediamo per esempio la lunghezza di Planck, $l_P$, definita come radice quadrata di $G\hbar/c^3$ e che vale $1{,}6 \times 10^{-35}$ metri, mentre il tempo di Planck, $t_P$, il più piccolo intervallo di tempo concepibile, definito come radice quadrata di $\hbar G/c^5$ e che vale $5{,}4 \times 10^{-44}$ secondi, e infine la massa di Planck, $m_P$, definita come radice quadrata di $c\hbar/G$ e che vale $2{,}18 \times 10^{-8}$ chilogrammi. Qualcuno ricorderà che abbiamo già accennato alla lunghezza di Planck e al tempo di Planck, senza nominarli, all'inizio del libro, quando ci siamo situati nel mezzo delle dimensioni del tutto.

Queste sembrano unità naturali nelle quali esprimere le varie grandezze, unità che possono servire a indirizzare le nostre curiosità. Frank Wilczek per esempio ebbe a dire: «La domanda non è "Perché la gravità è così debole?" ma piuttosto "Perché la massa del protone è così piccola?". Per le unità di Planck, l'intensità della gravità è semplicemente quella che è, una quantità primaria, mentre la massa del protone è un numero molto piccolo».

All'inizio tutto era incandescente e terribilmente misterioso. Si ritiene per esempio che in principio esistesse una sola superforza fondamentale. Come sappiamo, nel mondo d'oggi le forze fondamentali sono quattro: la forza gravitazionale, quella elettromagnetica, la nucleare debole e la nucleare forte. Sono diverse e controllano fenomeni naturali diversi, ma oggi si sa che al di sopra di una data temperatura la forza elettromagnetica e quella nucleare debole si fondono in un'unica forza detta elettrodebole. Si crede che al di sopra di una temperatura ancora più elevata la forza elettrodebole si fonda con quella nucleare forte per dare una forza unificata, e che a una temperatura ancora più alta anche la gravitazione si possa fondere con questa forza unificata per dare una singola superforza della natura. Le energie richieste per produrre queste temperature sono enormi e attualmente al di là delle nostre possibilità, ma si ritiene che ci sia stato un momento nella storia dell'universo in cui la temperatura era così alta da aversi solo una singola forza fondamentale invece di quattro. Questa è una delle affermazioni chiave della GUT, la teoria della grande unificazione, che potrebbe aiutarci a comprendere gli eventi che hanno avuto luogo all'inizio del tutto. Dopo una frazione di secondo la temperatura non è stata più sufficiente a mantenere questa situazione e la forza gravitazionale si è separata dal complesso delle altre tre. Un istante dopo la forza nucleare forte si è staccata dalla elettrodebole, e successivamente il raffreddamento dell'universo ha comportato la separazione della forza nucleare debole da quella elettromagnetica fino a comporre il quadro che osserviamo oggi. Si è avuta così una serie di successive rotture di simmetria, che come abbiamo accennato sono all'origine di tutto ciò che è.

Esiste poi il problema della cosiddetta inflazione, intesa come espansione improvvisa e rapidissima dell'universo primitivo. Se si analizzano varie regioni dell'universo attuale, vi si riscontra una grande uniformità in ogni direzione, difficilmente spiegabile se si considera quanti e quali eventi si sono succeduti dalla sua genesi. Per spiegare tale discrepanza è stato proposto che in un'epoca precocissima l'universo si sia letteralmente «gonfiato» in men che non si dica, aumentando di dimensione, ma preservando l'impronta dell'iniziale uniformità. Si parla in questo caso di ipotesi inflazionaria, della quale la maggior parte degli astrofisici sono ormai convinti. Il fenomeno durò poco e l'universo riprese il suo lento cammino di espansione e raffreddamento che ha portato negli ultimi miliardi di anni alle stelle e alle galassie che vediamo. Con varie vicissitudini.

Sulle primissime fasi del Big Bang esistono soltanto molte speculazioni. Nei modelli più comuni, l'universo in partenza era omogeneo, isotropo, con una densità energetica estremamente elevata, temperature e pressioni altissime e si stava espandendo e raffreddando molto in fretta. All'incirca $10^{-37}$ secondi dopo l'istante iniziale, una transizione di fase causò appunto un'inflazione cosmica, durante la quale l'universo aumentò le sue dimensioni esponenzialmente. Quando il processo di inflazione si fermò, il cosmo era formato da un plasma di quark e gluoni, oltre a tutte le altre particelle elementari. Le temperature erano così elevate che il moto casuale delle particelle avveniva a velocità relativistiche e coppie particella-antiparticella di ogni tipo erano continuamente create e distrutte nelle collisioni. A un certo istante una reazione sconosciuta portò a una leggera sovrabbondanza dei quark e dei leptoni sugli antiquark e sugli antileptoni (dell'ordine di 1 parte su 30 milioni). Questo processo potrebbe spiegare il predominio della materia sull'antimateria nell'universo attuale.

L'universo proseguì a espandersi e la sua temperatura a diminuire, quindi l'energia tipica di ogni particella andò diminuendo. La rottura della simmetria della transizione di fase portò, abbiamo visto, le quattro interazioni fondamentali della fisica e i parametri delle particelle elementari nella loro forma attuale. All'incirca dopo $10^{-11}$ secondi, il quadro d'insieme diventa meno speculativo, visto che le energie delle particelle decrescono fino a valori raggiungibili negli esperimenti di fisica delle particelle. Arrivati a $10^{-6}$ secondi, quark e gluoni si combinarono per dare nucleoni, cioè protoni e neutroni. La piccola differenza presente nel numero di quark e antiquark portò a una sovrabbondanza dei nucleoni sugli antinucleoni. La temperatura non era più sufficientemente alta per formare nuove coppie protoni-antiprotoni (e ugualmente per le coppie di neutroni-antineutroni), perciò seguì immediatamente un'annichilazione di massa che lasciò soltanto uno ogni $10^{10}$ dei protoni e neutroni originali e nessuna delle loro antiparticelle. Un processo simile avvenne al tempo di un secondo per gli elettroni e i positroni. In seguito a questi due tipi di annichilazione, i protoni, i neutroni e gli elettroni rimanenti non stavano più viaggiando a velocità relativistiche e la densità di energia del cosmo era dominata dai fotoni, con un contributo minore dovuto ai neutrini.

Qualche minuto dopo l'istante iniziale, quando la temperatura era all'incirca $10^9$ kelvin, cioè un miliardo di gradi kelvin, e la densità paragonabile a quella dell'aria, i neutroni si combinarono con i protoni, dando luogo ai primi nuclei di deuterio e di elio in un processo chiamato nucleosintesi. La maggior parte dei protoni non si combinò e rimase sotto forma di nuclei di idrogeno. Quando l'universo si raffreddò, il contributo della densità energetica della massa a riposo della materia arrivò a dominare gravitazionalmente il contributo della densità di energia associata alla radiazione del fotone. Dopo circa 380.000 anni, gli elettroni e i vari nuclei si combinarono formando gli atomi, soprattutto idrogeno; a partire da questo istante, la radiazione si disaccoppiò dalla materia e continuò a vagare libera nello spazio. Questa radiazione fossile, ancora oggi visibile, è conosciuta come radiazione cosmica di fondo o CMB, *cosmic microwave background radiation*. Questa fornisce un'immagine del nostro universo in quell'epoca iniziale.

Vediamo meglio. Nei giorni successivi al Big Bang, l'universo era in una condizione di equilibrio termodinamico, con fotoni che erano continuamente emessi e assorbiti, dando alla radiazione una forma simile allo spettro del corpo nero. Mentre si espandeva, l'universo si raffreddava fino a raggiungere una temperatura che non permetteva più la creazione e la distruzione dei fotoni. La temperatura era però ancora sufficientemente alta da non consentire che gli elettroni si legassero con i nuclei per formare atomi e i fotoni erano costantemente riflessi da questi elettroni liberi. A causa di queste ripetute riflessioni, l'universo era inizialmente «opaco».

Quando la temperatura scese a qualche migliaio di kelvin, gli elettroni liberi e i nuclei cominciarono a unirsi tra loro per dare origine agli atomi, un processo conosciuto come ricombinazione. Poiché la diffusione dei fotoni è meno frequente da atomi neutri, la radiazione si disaccoppiò dalla materia quando tutti gli elettroni si ricombinarono, all'incirca 380.000 anni dopo il Big Bang, come abbiamo visto. Questi fotoni formano la radiazione cosmica di fondo, che è possibile rilevare oggi, e il modello osservato delle fluttuazioni di tale radiazione fornisce un'immagine del nostro universo com'era allora. L'energia dei fotoni fu successivamente spostata verso il rosso dall'espansione dell'universo, il che conservò lo spettro di corpo nero, ma causò l'abbassamento della sua temperatura, spostando i fotoni nella regione delle microonde all'interno dello spettro elettromagnetico. Si ritiene che sia possibile osservare la radiazione in ogni punto dell'universo e che essa provenga da tutte le direzioni più o meno con la stessa intensità.

Consideriamo ora un'utile schematizzazione: i cosmologi hanno suddiviso la storia dell'universo in nove ere, la lunghezza delle quali varia da poche frazioni di secondo a miliardi di anni. Ciascuna di queste è caratterizzata da un avvenimento particolare.

## *Era di Planck*

Nessuna delle attuali teorie fisiche può descrivere correttamente cosa sia accaduto nell'era di Planck, e teorie diverse forniscono previsioni differenti. In questa era, le quattro forze fondamentali – elettromagnetica, nucleare debole, nucleare forte e gravità – hanno la stessa intensità, e sono forse unificate in una sola forza fondamentale. La teoria di Einstein della relatività generale prevede che l'universo abbia avuto inizio con una singolarità gravitazionale, caratterizzata da valori infiniti di temperatura e densità, un punto adimensionale. In tutte le applicazioni della matematica a problemi fisici il verificarsi di una singolarità matematica identifica regioni del dominio in cui la teoria fisica perde di validità per il presentarsi di fenomeni aggiuntivi non più trascurabili; in questo caso i fenomeni gravitazionali sono anche alterati dagli effetti quantistici.

### *Era della grande unificazione*

A partire da $10^{-43}$ secondi dopo il Big Bang, con una temperatura di $10^{30}$ kelvin. In questa era pre-inflazionaria le forze fondamentali, eccetto la gravità, erano unite in una sola superforza costituita dalla forza elettromagnetica e dalle forze nucleari debole e forte.

### *Era dell'inflazione*

A partire da $10^{-35}$ secondi dopo il Big Bang, con una temperatura di $10^{27}$ kelvin e un diametro di $10^{-26}$ metri, l'universo va incontro a una rapida espansione. L'energia sotto forma di radiazione liberata da un particolare campo di Higgs, che qualcuno chiama inflatone, diede origine a coppie particella-antiparticella, che si annichilarono istantaneamente. Una fluttuazione quantistica, tuttavia, potrebbe aver portato a un leggero eccesso di particelle rispetto alle antiparticelle, eccesso responsabile della materia presente nell'universo attuale.

## *Era elettrodebole*

A partire da $10^{-32}$ secondi, con una temperatura di $10^{27}$ kelvin e un diametro di 10 metri, l'universo subisce l'azione di un campo di Higgs forte, che aveva già separato l'interazione forte da quella elettrodebole, determinando la formazione di gluoni e di coppie quark-antiquark dalla radiazione liberatasi in seguito all'inflazione. Si ipotizza che i bosoni X e Y (se mai sono esistiti) siano comparsi in questa era.

## *Fine dell'era elettrodebole*

A partire da 1 nanosecondo, ossia $10^{-9}$ secondi dall'inizio, con una temperatura di $10^{15}$ kelvin e un diametro di $10^{12}$ metri (un miliardo di chilometri), l'universo vide la fine dell'era elettrodebole che durò in tutto circa $10^{-27}$ secondi. Tale fine fu caratterizzata dalla separazione della forza elettrodebole in interazione debole ed elettromagnetica, fenomeno determinato dalle oscillazioni del campo di Higgs elettrodebole. A tale separazione seguì l'assunzione di massa dei bosoni deboli, dei quark e dei leptoni.

## *Era degli adroni*

A partire da 1 microsecondo ($10^{-6}$ secondi, un milionesimo di secondo) dall'inizio del tutto, con una temperatura di $10^{13}$ kelvin e un diametro di 100 miliardi di chilometri, l'universo si vide riempire di adroni. L'energia termica divenne sufficientemente bassa da consentire l'interazione fra quark mediante la forza forte. I quark e gli antiquark si legarono così a formare i primi adroni.

## *Era dei leptoni*

A partire da $10^{-4}$ secondi dal Big Bang, con una temperatura di $10^{12}$ kelvin, l'universo vide i leptoni e si raffreddò «velocemente»: 1 secondo dopo il Big Bang la temperatura era di $10^{10}$ kelvin, e 100 secondi dopo di $10^{9}$ kelvin.

## *Era della nucleosintesi*

A partire da 100 secondi dall'inizio, con una temperatura di $10^{9}$ kelvin e un diametro di più di 1000 miliardi di chilometri, l'universo vide la maggior parte dei neutroni decadere in protoni. L'energia si abbassò tanto da permettere ai nucleoni di legarsi attraverso pioni formando così i primi nuclei di elio-4 e di deuterio.

## *Era dell'opacità*

200 secondi dopo il Big Bang, con una temperatura di $10^{8}$ kelvin e un diametro compreso fra 10 e 10.000 anni luce, l'universo si raffreddò al punto di permettere la manifestazione dell'interazione elettromagnetica. Le particelle cariche interagivano fra loro e con i fotoni rimasti dall'inflazione e dall'annichilazione delle coppie particella-antiparticella. I fotoni non si comportavano quindi più da particelle libere in movimento. In questa era si ebbe la formazione dei primi atomi, soprattutto di idrogeno, elio, litio e isotopi dell'idrogeno. Alla fine dell'era, la temperatura calò abbastanza da ridurre la produzione di coppie quark-antiquark o leptone-antileptone di generazioni più massicce.

## *Era della materia (universo attuale)*

A partire da 300.000 anni, con una temperatura di «appena» 3000 kelvin e un diametro di 100 milioni di anni luce, l'universo ritornò trasparente alla luce. I fotoni rimasti dall'era dell'inflazione si diffusero ovunque, dando luogo alla radiazione cosmica di fondo. L'intera materia era per lo più costituita da atomi e da leptoni di prima generazione. Tutte le particelle massive che, con le alte temperature, continuamente si formavano a coppie particella-antiparticella dalla radiazione erano già decadute in particelle leggere di prima generazione, quali elettroni e neutrini e, fra gli adroni, neutroni e protoni. L'era della materia perdura da circa 13,7 miliardi di anni.

La radiazione di fondo fu individuata casualmente nel 1964 da Arno Penzias e Robert Wilson, mentre conducevano osservazioni di controllo usando un nuovo ricevitore di microonde dei Laboratori Bell. La loro scoperta fornì la sostanziale conferma delle previsioni sulla natura della radiazione – che essa era isotropica e confrontabile con uno spettro di corpo nero con una temperatura di circa 3 kelvin – e rappresentò una valida prova a favore dell'ipotesi del Big Bang.

Nel 1989 la NASA lanciò il satellite COBE, acronimo di *Cosmic Background Explorer*, e le prime conclusioni, fornite nel 1990, erano consistenti con le previsioni della teoria del Big Bang per quanto riguarda la radiazione cosmica di fondo. COBE trovò una temperatura residua di 2,726 kelvin e nel 1992 individuò per la prima volta le fluttuazioni, cioè anisotropie, della radiazione, con un'incertezza di una parte su $10^5$. Durante il decennio successivo, queste anisotropie furono studiate ulteriormente da un gran numero di esperimenti, sia a terra, sia attraverso palloni sonda. Nel 2000-2001 molti esperimenti – tra cui il più importante fu BOOMERANG, al quale prese parte anche il nostro Paolo De Bernardis, misurando la larghezza angolare tipica delle anisotropie – trovarono che l'universo ha una geometria quasi piatta.

All'inizio del 2003, furono pubblicati i primi risultati del nuovo satellite WMAP, ottenendo quelli che erano al tempo i più accurati valori di alcuni parametri cosmologici. Il satellite inoltre escluse numerosi modelli inflazionari, benché i dati fossero in generale coerenti con la teoria dell'inflazione, e confermò che un mare di neutrini cosmici permea l'universo, una prova evidente che le prime stelle impiegarono più di mezzo miliardo di anni per creare una nebbia cosmica. Un altro satellite simile a WMAP, il Planck Surveyor, lanciato il 14 maggio 2009, fornirà misure ancora più precise sull'anisotropia della radiazione di fondo.

La radiazione di fondo è incredibilmente omogenea e questo presentò un problema nei modelli di espansione convenzionali, perché ciò avrebbe implicato che i fotoni provenienti da direzioni opposte siano venuti da regioni che non sono mai state in contatto le une con le altre. La spiegazione oggi prevalente per questo equilibrio su vasta scala è che l'universo abbia avuto, come visto, un breve periodo con una espansione esponenziale, conosciuta come inflazione. Questo avrebbe avuto l'effetto di allontanare regioni che erano in equilibrio termodinamico, cosicché tutto l'universo osservabile proviene da una regione con lo stesso equilibrio approssimativo.

In un periodo di tempo molto lungo, le regioni leggermente più dense rispetto alla distribuzione uniforme di materia attrassero gravitazionalmente la materia circostante e crebbero, aumentando la loro densità, formando nubi di gas, stelle, galassie e le altre strutture astronomiche osservabili oggi. I dettagli di questo processo dipendono dalla quantità e dal tipo di materia presente nell'universo, ma la cosa è ancora tutt'altro che chiara. Il resto è storia di tutti i giorni.

Se questo è vero, prima c'erano le particelle strane, poi i nucleoni, poi i nuclei, poi gli atomi e poi man mano le molecole e così via. Sul nostro pianeta anche le cellule e gli organismi. E infine noi. Tutto questo giustifica, l'abbiamo già detto, il fatto che noi cerchiamo di capire le cose complesse sulla base di quelle semplici che le compongono. Tale forma di riduzionismo possiamo definirla diacronica, perché in effetti praticandola andiamo «indietro nel tempo», dalle case ai mattoni, per meglio comprendere come si è passati dai mattoni alle case. Nel tempo però sono venute alla luce sempre più numerose e stupefacenti proprietà emergenti, compresa la realtà, che è probabilmente la più grande delle proprietà emergenti, grazie alla fisica, alla biologia e alla nostra evoluzione culturale.

Ritorniamo alla fisica del cosmo e alla sua espansione. Negli immensi spazi siderali si aggirano quindi oggetti che incurvano con la loro stessa presenza il continuo spazio-temporale fino a inghiottirlo. Ma non è tutto qui. In anni recenti si è cominciato a sentir parlare di cose ancora più misteriose e affascinanti, come la materia oscura e l'energia oscura. Per spiegare perché l'universo si espanda all'attuale velocità occorre pensare che contiene molta più materia di quella che riusciamo a osservare. Questa ipotetica materia, che potrebbe costituire fra il 90 e il 95 per cento del totale, è stata definita oscura perché non emette luce e quindi non riusciamo a vederla, e inoltre non interagisce con la materia ordinaria. Va anche considerato che l'ipotesi che l'universo fosse composto principalmente da materia ordinaria portò a previsioni che si rivelarono in forte contrasto con le osservazioni; in particolare, l'universo oggi ha una struttura molto più a grumi e contiene molto meno deuterio di quanto sia possibile spiegare senza la presenza della materia oscura.

Mentre l'ipotesi della materia oscura era ritenuta controversa all'inizio, adesso viene suggerita da numerose osservazioni: le anisotropie della radiazione di fondo, la dispersione delle velocità degli ammassi di galassie, le distribuzioni della struttura a larga scala, gli studi sulle lenti gravitazionali e le misure degli ammassi di galassie mediante raggi X. La prova della presenza della materia oscura deriva dalla sua influenza gravitazionale sulla materia ordinaria, anche se nessuna particella della materia oscura è mai stata osservata in laboratorio, e benché siano state proposte molte particelle come appartenenti a questo tipo di materia e svariati progetti per analizzarle direttamente siano in corso. Potrebbe insomma anche trattarsi di una forma di materia completamente diversa da tutto ciò che conosciamo, chissà? I nostri nipoti potrebbero studiare a scuola che esistono due diversi tipi di materia.

Inoltre, comunque la si possa spiegare, l'attuale velocità di espansione dell'universo sta aumentando, più o meno da quando l'universo aveva la metà dell'età attuale. A grande distanza le galassie fuggono le une dalle altre sempre più in fretta. Ci deve essere qualcosa quindi che le allontana e bilancia, e che sovrasta la forza di gravità che tenderebbe a frenarne la fuga. Per chiarire questa accelerazione, la relatività generale richiede che la maggior parte dell'energia dell'universo sia costituita da una componente con un'alta pressione negativa, soprannominata energia oscura. Tale pressione negativa interna della fabbrica del cosmo viene suggerita da numerosi tipi di prove: le misure della radiazione di fondo indicano che l'universo è molto piatto dal punto di vista spaziale e quindi, in base alla relatività generale, deve avere quasi esattamente la densità critica del rapporto tra massa ed energia; invece la densità di massa del cosmo, che può essere misurata dai raggruppamenti gravitazionali, raggiunge solamente il 30 per cento circa della densità critica. Poiché l'energia oscura non si raggruppa in modo ordinario, quest'ultima è la migliore spiegazione per completare la parte mancante di densità di energia. L'energia oscura è inoltre richiesta dalle misure geometriche della curvatura totale dell'universo.

La pressione negativa è una proprietà dell'energia del vuoto, ma l'esatta natura dell'energia oscura rimane uno dei grandi misteri del Big Bang. La densità di energia dovuta alla materia diminuisce con l'espansione dell'universo, ma la densità dovuta all'energia oscura rimane all'incirca costante durante l'espansione cosmica. Pertanto la materia in passato ha costituito una parte più importante della densità di energia rispetto a oggi, ma il suo contributo continuerà a diminuire nel futuro, poiché l'energia oscura diventerà sempre più dominante. Le attuali stime pongono al 4 per cento circa del totale la materia ordinaria, al 23 per cento quella oscura e al 73 per cento l'energia oscura. Siamo, insomma, in minoranza: «Ci sono più cose in cielo e in terra, Orazio, ...».

Secondo una certa visione del Big Bang, all'inizio di tutto si dovrebbero anche essere create e propagate alcune onde gravitazionali, come dire corrugazioni mobili dello spazio-tempo. Sembra che alcune di queste possano essere osservate anche oggi scrutando bene nelle pieghe della radiazione cosmica di fondo, o forse sono state già colte senza che ce ne avvedessimo.

La seconda ragione per prendere sul serio la relatività generale risiede nella formazione dei cosiddetti buchi neri. Di che si tratta? Nel secolo scorso abbiamo appreso che un corpo di grande massa deforma, incurvandolo, lo spazio-tempo circostante, in modo che anche un raggio di luce che passi nelle sue vicinanze ne viene un po' deviato. Un corpo celeste abbastanza vasto può arrivare a deformare lo spazio-tempo fino al punto di inghiottirlo. Un buco nero è proprio il residuo di un tale evento: lo spazio-tempo vi si è incurvato a tal punto che ha ceduto ed è rovinato sul corpo stesso, così che qualsiasi cosa vi si avvicini troppo ne viene risucchiata e ci cade dentro. Anche la luce vi va a morire ed è questa l'origine del nome: niente ne può più riuscire, nemmeno la luce. Probabilmente al centro di ogni galassia esiste un buco nero, che quindi sarà molto difficile da studiare direttamente. D'altra parte ci viene detto che chi si avvicinasse a un buco nero e ne venisse risucchiato forse nemmeno se ne accorgerebbe. Gli altri vedrebbero il suo tempo rallentare progressivamente e le sue dimensioni contrarsi, ma lui non ne avrebbe una percezione soggettiva cosciente. Un po' forse come chi muore: gli altri vedono morire il suo corpo, ma la sua coscienza individuale non dovrebbe osservare niente di strano, in eterno.

Nel considerare, in conclusione, i mondi dell'infinitamente piccolo e dello straordinariamente grande non possiamo che affidarci ad analogie o a raffigurazioni mentali più o meno fedeli. Oppure a formule matematiche di non facile interpretazione, quelle che per quanto riguarda gli oggetti del nostro mondo sono poco più che riassunti di un nutrito numero di affermazioni, e invece per i fenomeni che hanno luogo in questi mondi remoti rappresentano l'unica forma possibile di conoscenza e di previsione.

Partendo dalle conquiste dell'astrofisica ci si è potuti fare un'idea abbastanza precisa dell'evoluzione delle stelle, considerando con questa espressione i cambiamenti che una stella sperimenta nel corso della sua esistenza. Una stella è una palla di gas incandescente in equilibrio fra la tendenza a contrarsi dovuta alla gravitazione e quella a espandersi spinta dalla pressione delle proprie radiazioni.

Durante il suo ciclo evolutivo la stella subisce variazioni di luminosità, di raggio e di temperatura, della sua fotosfera e del suo nucleo, anche molto pronunciate. Tuttavia, dato che la vita di una stella si estende per un tempo molto lungo su una scala umana – milioni o miliardi di anni – è impossibile per noi seguirne passo passo l'intero ciclo vitale; pertanto, per comprendere come questi corpi celesti evolvono, si studia una popolazione stellare che contiene stelle in diverse fasi della loro vita, e si costruiscono modelli fisico-matematici che permettono di riprodurre le proprietà osservate.

Uno strumento fondamentale per gli astronomi, al fine di comprendere i meccanismi evolutivi, è il diagramma

Hertzsprung-Russell, o diagramma H-R, che riporta la temperatura e la luminosità di disparati tipi di stelle – che variano insieme al raggio in funzione dell'età, della massa e della composizione chimica della stella – e permette di sapere in che fase di vita è una stella. La maggior parte delle stelle si trova in una fascia centrale, detta appunto sequenza principale: le stelle più blu, della classe O e B, sono raggruppate in alto; quelle bianche e gialle, delle classi A, F e G, al centro; e quelle rosse, delle classi K e M, in basso. Al di fuori della sequenza pricipale, due gruppi comprendono le stelle rosse molto grandi e luminose e gli astri bianchi e blu, poco luminosi.

A seconda della massa, dell'età e della composizione chimica, i processi fisici in atto in una stella sono differenti e queste differenze portano stelle con caratteristiche dissimili a seguire svariati percorsi evolutivi sul diagramma H-R, il quale appare quindi come uno strumento in grado di stabilire l'età di una stella e di descriverne l'evoluzione.

La nascita delle stelle è stata indagata con l'ausilio dei grandi telescopi di terra e soprattutto dei telescopi spaziali, in particolar modo Hubble e Spitzer. Le moderne tecniche di osservazione dello spazio nelle varie lunghezze d'onda dello spettro elettromagnetico, soprattutto nell'ultravioletto e nell'infrarosso, e l'importante contributo della radioastronomia hanno permesso di individuare i luoghi di formazione stellare.

Le stelle si formano all'interno delle nubi molecolari, regioni di gas ad alta densità presenti nel mezzo interstellare, costituite essenzialmente da idrogeno, con una quantità di elio del 23-28 per cento e tracce di elementi più pesanti. Le stelle più massicce che si sviluppano al loro interno le illuminano e le ionizzano in maniera molto forte. La formazione di una stella ha inizio quando una nube molecolare inizia a manifestare fenomeni di instabilità gravitazionale, spesso innescati dalle onde d'urto di una supernova o dalla collisione tra due galassie. Anche in questo caso, come si vede, la componente casuale regna sovrana. Non appena si raggiunge una densità della materia tale da soddisfare alcuni criteri d'instabilità, che si instaura quando la pressione interna del gas non è in grado di contrastare il collasso gravitazionale cui va naturalmente incontro una nube ricca di materia, la regione inizia a collassare sotto la sua stessa gravità.

Il graduale collasso della nube di gas genera densi agglomerati di gas e polveri oscure, noti come globuli di Bok, che arrivano a contenere una quantità di materia pari a oltre 50 masse solari. Mentre all'interno del globulo il collasso gravitazionale causa un incremento della densità materiale, l'energia potenziale gravitazionale viene convertita in energia termica, con un conseguente aumento della temperatura: si forma in tal modo una protostella, circondata da un disco che ha il compito di accrescerne la massa. Il periodo in cui l'astro è soggetto al collasso, fino all'innesco, nelle parti centrali della protostella, delle reazioni di fusione dell'idrogeno in elio, è variabile. Una stella massiccia in formazione permane in questa fase per qualche centinaio di migliaia di anni, mentre per una stella di massa medio-piccola lo stadio in questione dura un periodo di circa 10-15 milioni di anni.

Se possiede una massa inferiore a 0,08 masse solari, la protostella non raggiunge l'ignizione delle reazioni nucleari e si converte in una fredda e poco brillante nana bruna; se possiede una massa fino a 8 masse solari, si sviluppa una stella pre-sequenza principale, spesso circondata da un disco protoplanetario; se la massa è superiore a 8 masse solari, la stella raggiunge direttamente la sequenza principale senza passare per questa fase.

Enigmatico è il meccanismo di formazione delle stelle massicce. Le stelle di classe B, maggiori o uguali a 9 masse solari, nel momento in cui al loro interno si innescano le reazioni nucleari, si trovano ancora nel pieno della fase di accrescimento, la quale sarebbe contrastata e frenata dalla radiazione prodotta dal giovane astro; tuttavia, come accade per le stelle meno massicce, sembra che si formino dei dischi associati a getti polari che permetterebbero all'accrescimento di proseguire. Analogamente, per quanto riguarda le stelle di classe O (più di 15 masse solari), le reazioni subentrano durante la fase di accrescimento, la quale procede però grazie alla genesi di enormi strutture toroidali, fortemente instabili.

Le stelle trascorrono circa il 90 per cento della propria esistenza in una condizione di stabilità durante la quale fondono l'idrogeno del proprio nucleo in elio a temperatura e pressione elevate; tale fase prende il nome di sequenza principale.

In questa fase ogni stella genera un vento di particelle cariche che provoca una continua fuoriuscita di materia nello spazio, che per gran parte delle stelle risulta irrisoria. Il Sole, per esempio, perde, nel vento solare, $10^{-14}$ masse solari di materia all'anno, ma le stelle più massicce arrivano a perderne decisamente di più, sino a $10^{-7}$-$10^{-5}$ masse solari all'anno; tale perdita può riflettersi in maniera sostanziale sull'evoluzione dell'astro. La durata della sequenza principale dipende innanzitutto dalla quantità di combustibile nucleare disponibile, quindi dalla velocità a cui esso è fuso; vale a dire, dalla massa iniziale e dalla luminosità della stella. La permanenza del Sole nella sequenza principale è stimata in circa $10^{10}$ anni. Le stelle più grandi consumano il proprio «carburante» piuttosto rapidamente e hanno una vita decisamente più breve di qualche decina o centinaia di milioni di anni; le stelle più piccole invece bruciano l'idrogeno del nucleo molto lentamente e hanno un'esistenza molto più lunga: decine o centinaia di miliardi di anni.

Oltre alla massa, un ruolo preminente nell'evoluzione dell'astro è rivestito dalla sua metallicità, che influenza la durata della sequenza principale, l'intensità del campo magnetico e del vento stellare. Le vecchie stelle di popolazione II hanno una metallicità minore delle più giovani stelle di popolazione I, poiché le nubi molecolari da cui si sono formate queste ultime possedevano una maggiore quantità di metalli. La sequenza principale termina non appena l'idrogeno, contenuto nel nucleo della stella, è stato completamente convertito in elio dalla fusione nucleare; la successiva evoluzione della stella segue vie diverse a seconda della massa dell'oggetto celeste.

Le stelle piccole, con masse comprese tra 0,08 e 0,8 masse solari, le nane rosse, si riscaldano man mano che l'idrogeno viene consumato al loro interno, accelerando la velocità delle reazioni nucleari e divenendo per breve tempo stelle azzurre; quando tutto l'idrogeno negli strati interni è stato convertito in elio, esse si contraggono gradualmente, diminuendo di luminosità ed evolvendo in nane bianche costituite prevalentemente di elio. Tuttavia, poiché la durata della sequenza principale per una stella di questo tipo è stata stimata fra gli 80 miliardi e il miliardo di anni e l'attuale età dell'universo si aggira sui 13,7 miliardi, pare logico dedurne che nessuna nana rossa abbia ancora avuto il tempo di giungere al termine della sequenza principale.

Le stelle medie, la cui massa è compresa tra 0,8 e 8 masse solari, attraversano una fase di notevole instabilità alla fine della sequenza principale: il loro nucleo subisce diversi collassi gravitazionali, incrementando la propria temperatura, mentre gli strati più esterni, in reazione al vasto *surplus* energetico che ricevono dal nucleo in contrazione, si espandono e si raffreddano, assumendo di conseguenza una colorazione via via tendente al rosso. A un certo punto l'energia sprigionata dal collasso gravitazionale permette allo strato di idrogeno immediatamente circostante il nucleo di raggiungere la temperatura di ignizione della fusione nucleare. A questo punto la stella, dopo essere passata per la fase altamente instabile di subgigante, si trasforma in una fredda ma brillante gigante rossa, con un nucleo inerte di elio e un guscio in cui prosegue la fusione dell'idrogeno: permane in questa fase per circa un miliardo di anni.

Se la stella possiede una massa sufficiente, circa una massa solare, una complessa serie di contrazioni e collassi gravitazionali provoca un forte innalzamento della temperatura nucleare, sino a oltre 100 milioni di kelvin, che segna il violento innesco della fusione dell'elio in carbonio e ossigeno, mentre nel guscio subito superiore continua il processo di fusione dell'idrogeno residuo in elio. Non appena l'elio è stato completamente esaurito all'interno del nucleo, lo strato attiguo, che in precedenza ha fuso l'idrogeno in elio, inizia a fondere quest'ultimo in carbonio, mentre sopra di esso un altro strato continua a fondere parte dell'idrogeno restante in elio, divenendo una gigante rossa.

Se la stella ha una massa sufficiente, ma non superiore a 8-9 masse solari, col tempo è possibile l'innesco anche della fusione di una parte del carbonio in ossigeno, neon e magnesio. Qualora la velocità delle reazioni nucleari subisca un rallentamento, la stella compensa questo deficit energetico contraendo le proprie dimensioni e riscaldando la propria superficie; a questo punto essa attraversa una fase evolutivamente parallela a quella di gigante rossa, caratterizzata però da una temperatura superficiale decisamente più elevata, che prende il nome di fase di gigante blu.

Quando termina il processo di fusione dell'idrogeno in elio e inizia la conversione di quest'ultimo in carbonio, le stelle massicce con massa superiore a 8 masse solari si espandono raggiungendo lo stadio di supergigante rossa. Non appena si esaurisce anche la fusione dell'elio, i processi nucleari non si arrestano ma, complice una serie di successivi collassi del nucleo e aumenti di temperatura e pressione, proseguono con la sintesi di altri elementi più pesanti: ossigeno, neon, silicio e zolfo.

In tali stelle, poco prima della loro fine, può svolgersi in contemporanea la nucleosintesi di più elementi all'interno di un nucleo che appare stratificato; tale struttura è paragonata da molti astrofisici agli strati concentrici di una cipolla. In ciascun guscio avviene la fusione di un differente elemento:

il più esterno fonde idrogeno in elio, quello immediatamente sotto fonde elio in carbonio e via dicendo, a temperature e pressioni sempre crescenti man mano che si procede verso il centro. Il collasso di ciascuno strato è sostanzialmente evitato dal calore e dalla pressione di radiazione dello strato sottostante, dove le reazioni si verificano a un regime più intenso. Il prodotto finale della nucleosintesi è il nichel-56, $^{56}Ni$, risultato della fusione del silicio, che viene completata nel giro di pochi giorni.

Il nichel-56 decade rapidamente in ferro-56, $^{56}Fe$. Poiché i nuclei del ferro possiedono un'energia di legame nettamente superiore a quella di qualunque altro elemento, la loro fusione, anziché essere un processo esotermico, è fortemente endotermica.

La supergigante rossa può anche attraversare uno stadio alternativo, che prende il nome di supergigante blu. Durante questa fase la fusione nucleare avviene in maniera più lenta; per via di tale rallentamento, l'astro si contrae e, poiché una grande quantità di energia viene emessa da una superficie fotosferica più piccola, la temperatura superficiale aumenta, donde il colore blu; l'astro tuttavia, prima di raggiungere questo stadio, passa per la fase di supergigante gialla, caratterizzata da una temperatura e da dimensioni intermedie rispetto alle due fasi precedenti. Una supergigante rossa può in qualunque momento, a patto che rallentino le reazioni nucleari, trasformarsi in una supergigante blu.

Quando, invece, una stella è prossima alla fine della propria esistenza, la pressione di radiazione del nucleo non è più in grado di contrastare la gravità degli strati più esterni dell'astro. Di conseguenza il nucleo va incontro a un collasso, mentre gli strati più esterni vengono espulsi in maniera più o meno violenta; ciò che resta è un oggetto estremamente denso: una stella compatta, costituita da materia in uno stato altamente degenere.

Nelle stelle piccole e medie, quando nel nucleo cessa completamente la fusione del combustibile nucleare, la stella può seguire due vie diverse a seconda della massa. Se ha una massa compresa tra 0,08 e 0,5 masse solari, la stella morente dà luogo a una nana bianca di elio senza alcuna fase intermedia, espellendo gli strati esterni sotto forma di vento stellare. Se invece la sua massa è compresa tra 0,5 e 8 masse solari, all'interno dell'astro si generano violente pulsazioni termiche che causano l'espulsione dei suoi strati più esterni in una sorta di «supervento», che assorbe la radiazione ultravioletta emessa a seguito dell'alta temperatura degli strati interni dell'astro. Tale radiazione viene poi riemessa sotto forma di luce visibile dall'involucro dei gas, i quali vanno a costituire una nebulosità in espansione, la nebulosa protoplanetaria prima e planetaria poi, al cui centro rimane il cosiddetto nucleo della nebulosa planetaria, che diverrà poi una nana bianca.

Una nana bianca appena formata ha una temperatura molto elevata, pari a circa 100-200 milioni kelvin, che diminuisce in funzione degli scambi termici con lo spazio circostante, finché l'oggetto non arriva allo stadio ultimo di nana nera. Si tratta però di un modello teorico, poiché finora non è stata ancora osservata alcuna nana nera; perciò gli astronomi ritengono che il tempo previsto perché una nana bianca si raffreddi del tutto sia di gran lunga superiore all'attuale età dell'universo.

Nelle stelle con masse superiori a 8 masse solari, la fusione nucleare continua fin quando il nucleo raggiunge una massa notevole. Oltrepassato questo limite, il nucleo non riesce più a tollerare la sua stessa massa e va quindi incontro a un improvviso e irreversibile collasso. Gli elettroni urtano contro i protoni dando origine a neutroni e neutrini insieme a un forte decadimento beta e a fenomeni di cattura elettronica. L'onda d'urto generata da questo improvviso collasso provoca la catastrofica esplosione della stella in una brillantissima supernova, se si trattava di una stella particolarmente massiccia.

Le supernove hanno una luminosità tale da superare, anche se per breve tempo, la luminosità complessiva dell'intera galassia che le ospita. Le supernove esplose in epoca storica nella Via Lattea furono osservate a occhio nudo dagli uomini, come abbiamo visto, che le ritenevano erroneamente delle nuove stelle – donde il termine *stella nova*, utilizzato inizialmente per designarle – che comparivano in regioni del cielo dove prima non sembravano essercene.

L'energia liberata nell'esplosione è talmente elevata da consentire la fusione dei prodotti della nucleosintesi stellare in elementi ancora più pesanti, quali oro, magnesio e altri; questo fenomeno è detto nucleosintesi delle supernove. L'esplosione della supernova diffonde nello spazio la maggior parte della materia che costituiva la stella; tale materia forma il cosiddetto resto di supernova, mentre il nucleo residuo sopravvive in uno stato altamente degenere, cioè anomalo. Si definiscono stelle degeneri in maniera collettiva le nane bianche, le stelle di neutroni e gli altri corpi celesti costituiti da materia esotica di altissima densità, tutti generalmente di piccole dimensioni a dispetto della loro grande massa. Se la massa del residuo è compresa tra 1,4 e 3,8 masse solari, esso collassa in una stella di neutroni – che si manifesta talvolta come una stella pulsar – la quale si configura come stabile poiché il collasso gravitazionale, cui andrebbe naturalmente incontro, è contrastato dalla pressione del neutronio, un aggregato di neutroni, la particolare materia degenere di cui tali oggetti sono costituiti. Tali oggetti hanno una densità elevatissima, circa $10^{17}$ chilogrammi a metro cubo, e sono composti da neutroni, con una certa percentuale di materia esotica, principalmente materia di quark, presente probabilmente nel suo nucleo.

Nel caso in cui la stella originaria sia talmente massiccia che il nucleo residuo mantiene una massa superiore a 3,8 masse solari, nessuna forza è in grado di osteggiare il collasso gravitazionale e il nucleo collassa fino a raggiungere dimensioni molto ridotte: si origina così un buco nero stellare. La materia costituente il buco nero si trova in un particolare stato, altamente degenere, che i fisici non sono ancora riusciti a spiegare.

Gli strati esterni della stella espulsi nella supernova contengono una grande quantità di elementi pesanti che possono essere reimpiegati in nuovi processi di formazione stellare; tali elementi consentono la genesi di sistemi extrasolari, che possono contenere, eventualmente, anche pianeti di tipo roccioso. Si comprende allora che le esplosioni delle supernove e i venti delle stelle massicce svolgono un ruolo di primo piano nel plasmare le strutture del mezzo interstellare. Gli elementi di cui siamo fatti, a partire dal carbonio, si sono generati così. Noi siamo quindi letteralmente «figli delle stelle».

# Quel che resta da fare

Ogni tanto si sente parlare di una teoria del tutto, *Theory of Everything* in inglese, abbreviata in TOE. C'è dello humour in questa denominazione perché in inglese *toe* è il dito del piede. Ovviamente per ora ciò costituisce un sogno, ma l'uomo vive di sogni.

Un sogno del fisico teorico sarebbe per esempio quello di spiegare perché le costanti, almeno quelle universali, hanno proprio il valore che hanno, senza doversi limitare ad accettare il fatto. Qualcuno si è cimentato in un'impresa del genere, ma la mia personale opinione è che una teoria che giustifichi anche i valori delle proprie costanti è matematica, non è fisica; ma l'uomo, si sa, non si accontenta mai. Magari un giorno sapremo anche perché la luce ha la velocità che ha.

Parlando di costanti e del loro specifico valore, non si può non ricordare il cosiddetto principio antropico, cui abbiamo già accennato. Perché l'elettrone insomma abbia quella massa e non una doppia o dieci volte più grande o più piccola lo ignoriamo. Come non sappiamo perché due cariche elettriche o due masse si attraggano con quella forza e non con una doppia o quadrupla. Si può vivere benissimo anche senza saperlo, e la fisica non è intaccata nella sua validità concettuale e nella sua utilità pratica malgrado l'assenza di queste informazioni. L'uomo però non ha posa e deve interrogarsi su tutto. Tra le cose che si è chiesto c'è ovviamente anche la ragione per cui le varie costanti universali abbiano i valori che hanno.

Un'alternativa alla ricerca astratta di una giustificazione per i valori numerici di alcune costanti universali è stata quella di interrogarsi su che cosa sarebbe successo se questa o quella costante avesse avuto un valore diverso. Questa linea di ragionamento ha condotto ad alcune interessanti conclusioni. Si è visto per esempio che se la forza gravitazionale fosse appena più grande di quello che è, l'universo non avrebbe avuto il tempo di espandersi e di raffreddarsi per permettere una qualsiasi forma di vita. Se al contrario la forza di gravitazione fosse stata un po' inferiore, l'universo sarebbe oggi popolato solo di nubi cosmiche. Non si sarebbero cioè mai generate le galassie e quindi non ci sarebbero stati né le stelle né i pianeti.

Perché noi esistessimo occorreva quindi un valore della forza di gravitazione che non si discostasse troppo da quello attuale. Lo stesso si può dire per l'intensità della forza con cui si attraggono le varie particelle elementari all'interno del nucleo atomico. Se questa forza fosse stata più alta di quello che è, nell'universo non ci sarebbe l'idrogeno e quindi l'acqua. Se invece fosse stata più debole, nell'universo esisterebbe solo l'idrogeno e non si sarebbero mai formati gli elementi pesanti come il carbonio, l'azoto, il calcio o il magnesio di cui siamo costituiti. Inoltre, le costanti che determinano la forza elettromagnetica e la forza nucleare sembrano dover stare in un ridotto corridoio di variazione perché l'abbondanza relativa di carbonio e di ossigeno prodotto all'interno delle stelle non sia troppo sbilanciata dall'una o dall'altra parte.

Ma noi siamo qui e abbiamo specifiche caratteristiche. Su questo non si discute. Qualcuno ha proposto allora che ogni teoria che tenti di spiegare i valori delle costanti universali naturali debba tener presente il fatto che noi esistiamo. Questo criterio restrittivo da applicare alle possibili teorie fisiche e cosmologiche ha preso il nome di principio antropico. Nella sua forma più accettata e ragionevole, detta anche debole, questo principio afferma che ogni teoria del cosmo deve fare i conti con la nostra esistenza e la nostra facoltà di pensare. Questo non vuol dire che l'universo sia stato fatto in modo che noi esistessimo, ma significa che se certe costanti fossero state diverse noi non ci saremmo stati. E poiché noi esistiamo, non se ne può che concludere che alcuni altri valori delle costanti della fisica non sarebbero stati compatibili con l'osservazione sperimentale. Si tratta di un tipico ragionamento evoluzionistico, tutt'altro che intuitivo ma ineccepibile.

Va detto a tal proposito che qualcuno è arrivato a propugnare una seconda formulazione, cosiddetta forte, dello stesso principio antropico secondo la quale l'universo è quello che è perché doveva per forza includere noi. Siamo di fronte in questo caso a uno dei tanti esempi di concezioni teleologiche, quindi metafisiche, ed eccessivamente antropocentriche del creato, che hanno accompagnato da sempre il cammino della scienza e non possono essere accettate se non come un articolo di fede.

Se ci limitiamo alla forma debole del principio antropico, la più ricca e interessante, si vede comunque come la nostra esistenza di animali dotati di un cervello funzionante divenga un criterio discriminante nel quadro delle speculazioni sulla struttura dell'universo e sulla formulazione delle sue leggi. Non si tratta, certo, di una reincarnazione di un punto di vista teleologico che cacciato dalla porta rientra dalla finestra, ma è interessante considerare come l'uomo, animale fra gli animali, abitante di un pianeta orbitante intorno a una delle innumerevoli stelle appartenenti a una delle innumerevoli galassie presenti nell'universo, sia stato capace di comprendere almeno una parte dei principi che governano il tutto e si sia accorto di essere arbitro inconsapevole di questioni di rilevanza cosmica, come l'entità delle varie costanti fisiche universali. Detto in maniera più sommessa, noi non siamo il fine della creazione, ma la constatazione della nostra esistenza pone un preciso vincolo alla speculazione sulla natura dell'universo fisico.

Comunque sia, è sicuro che noi ci siamo, e ci diamo da fare.

Il problema maggiore che attende gli scienziati è quello di unificare in un'unica, grande teoria la relatività generale e la meccanica quantistica. Il gioco ci è brillantemente riuscito con la relatività speciale, la cui sintesi con la meccanica quantistica ha dato luogo alla teoria dei campi e all'elettrodinamica quantistica, ma per ora con la relatività generale il compito sembra proibitivo, nonostante tutti gli sforzi.

La teoria di gran lunga più accreditata per raggiungere tale obiettivo è la cosiddetta teoria delle stringhe, all'edificazione della quale ha validamente contribuito anche il nostro Gabriele Veneziano.

La teoria delle stringhe è un modello fisico i cui costituenti fondamentali sono oggetti a una dimensione, le stringhe, invece che di dimensione nulla, i punti, caratteristici delle teorie alternative o precedenti a quella delle stringhe. Per questa ragione le teorie delle stringhe sono capaci di evitare i problemi di una teoria fisica connessi alla presenza di particelle puntiformi. Una particella è sostituita da una piccolissima stringa arrotolata su se stessa che vibra seguendo precisi ritmi. Uno studio più approfondito della teoria delle stringhe ha rivelato che gli oggetti da essa descritti possono in realtà avere dimensioni nulle – e quindi essere punti – avere una dimensione ed essere stringhe, due dimensioni, quindi membrane, o possedere un numero *D* di dimensioni maggiore di due, ovvero D-brane. L'espressione teoria delle stringhe si riferisce propriamente tanto alla teoria bosonica a 26 dimensioni quanto alla teoria supersimmetrica a 10 dimensioni.

Una caratteristica importante della teoria delle stringhe è che predice il numero di dimensioni che l'universo dovrebbe avere. Né l'elettromagnetismo di Maxwell né la relatività di Einstein dicono nulla sull'argomento: entrambi richiedono che i fisici inseriscano «a mano» il numero delle dimensioni. Invece, la teoria delle stringhe consente di accertare il numero di dimensioni dello spazio-tempo dai suoi principi base. Il solo problema è che, quando si esegue questo calcolo, il numero di dimensioni dell'universo non è 4, come ci si potrebbe attendere (tre assi spaziali e uno temporale), bensì molte di più, 26 o 10 o 11.

Il vero interesse della teoria risiede nel fatto che si spera possa essere una teoria del tutto, ossia che inglobi tutte le forze fondamentali. È una soluzione percorribile per la gravità quantistica e in più può descrivere in modo naturale le interazioni elettromagnetiche e le altre interazioni fondamentali. Non si sa ancora, però, se la teoria delle stringhe sia capace di rappresentare un universo con le stesse caratteristiche di forze e materia di quello osservato finora.

Estremamente affascinante è la cosiddetta supersimmetria, chiamata anche colloquialmente SUSY. In questa visione superba e grandiosa per ogni fermione esiste un bosone simmetrico e viceversa. Come conseguenza di una trasformazione di supersimmetria, ogni fermione ha un *superpartner* bosonico e ogni bosone ha un superpartner fermionico. Più precisamente, il partner supersimmetrico di un fermione viene chiamato «s- più il nome del fermione corrispondente», per esempio il partner supersimmetrico dell'elettrone si chiama selettrone e quello di un quark si chiama squark; il partner supersimmetrico di un bosone viene chiamato con il nome del bosone corrispondente più il suffisso «-ino», per esempio il partner supersimmetrico del gluone si chiama gluino e quello del fotone si chiama fotino.

Esiste anche una teoria delle superstringhe, una teoria del tutto, ovvero un tentativo di spiegare l'insieme delle particelle e delle forze fondamentali della natura in un'unica teoria considerando queste entità come vibrazioni di sottilissime stringhe supersimmetriche.

Negli anni Novanta il grande fisico e matematico Ed Witten e altri trovarono forti prove a dimostrazione che le differenti teorie delle superstringhe non sono che i diversi limiti di una sconosciuta teoria a undici dimensioni, chiamata teoria M. Questi studi stimolarono la seconda rivoluzione delle superstringhe. Quando Witten la chiamò teoria M, non specificò che cosa significasse la M, forse perché non si sentiva in diritto di denominare una teoria che non era in grado di descrivere interamente, e indovinare che cosa indichi la M è diventato un gioco tra i fisici teorici. La M talvolta viene fatta corrispondere a mistero, magia o madre. Ipotesi più serie includono matrice o membrana.

Esiste anche una teoria della supergravità, una teoria di campo che combina la supersimmetria con la relatività generale, elaborata da molti autori negli anni Ottanta e mirabilmente esposta da Bernard de Wit.

Prende infine il nome di gravità quantistica una famiglia di teorie che non prevedono uno sfondo spazio-temporale fisso, come invece è nella meccanica newtoniana e nella relatività speciale; qui la geometria dello spazio-tempo è dinamica. A certi livelli, la relatività generale può essere considerata come una teoria di relazione in cui la sola informazione rilevante sotto il profilo fisico è il rapporto tra eventi differenti nello spazio-tempo. Fra queste, la gravità quantistica a *loop* è il frutto del tentativo di formulare una teoria dei quanti indipendente dallo sfondo.

Essa conserva gli aspetti fondamentali della relatività generale, come per esempio l'invarianza per trasformazioni di coordinate, e allo stesso tempo utilizza la quantizzazione dello spazio e del tempo alla cosiddetta scala di Planck, peculiare della meccanica quantistica; in questo senso combina le due teorie. Tuttavia non è un'ipotetica teoria del tutto, in quanto non affronta il problema di dare una descrizione unificata delle forze fondamentali, ma descrive unicamente le proprietà quantistiche dello spazio-tempo, e quindi della gravità. Tra i protagonisti dell'elaborazione di tale visione spicca il nostro Carlo Rovelli, in collaborazione con Lee Smolin e Abhay Ashtekar. La teoria predice che area e volume dello spazio sono quantizzati. Il risultato implica cioè l'esistenza di una struttura discreta dello spazio a piccolissima scala.

Rovelli ha sviluppato negli anni una formulazione della meccanica che non richiede la caratterizzazione di una variabile speciale come il tempo. La dinamica è espressa dalle correlazioni fra le variabili fisiche e non dall'evoluzione di queste rispetto al tempo. Questa elaborazione senza tempo della dinamica dovrebbe essere necessaria per descrivere i fenomeni quanto-gravitazionali, dove il tempo subisce fluttuazioni quantistiche. È oggi usata per esempio nei diversi tentativi di studiare la cosmologia primordiale.

Insieme ad Alain Connes, Rovelli ha formulato un modello covariante dei campi quantistici, basato sulla «ipotesi del tempo termico». Secondo questa ipotesi, il tempo assente nella teoria fondamentale emerge solo in ambito statistico e termodinamico. La sensazione dello scorrere del tempo è, in un certo senso, un'illusione derivata dall'incompletezza della conoscenza.

# E io?

Fra l'immensamente grande e l'infinitamente piccolo si trova il nostro mondo quotidiano. Per una serie di fortunate combinazioni stiamo proprio nel mezzo o, meglio, appena sopra il punto di mezzo di questa scala ascendente. Noi, stravaganti creature a metà strada fra gli animali della terra e gli angeli del cielo, riusciamo a comprendere e a rappresentare il mondo che ci circonda.

Siamo strani animali, e curiosi, a cui è cresciuto un po' troppo il cervello e che vogliono capire questo e quello. E a volte anche ciò che non si può decifrare. Quale altro animale vuole capire come noi? Quale animale si danna l'anima per spiegarsi com'è fatto il mondo e come è fatto lui stesso, fino ad arrivare a mettere il naso nel proprio genoma? Siamo la prima specie, e forse – chissà? – l'unica, che sa descrivere e compitare il proprio genoma, cioè il testo che contiene le istruzioni biologiche per farci essere quello che siamo. Siamo la prima specie che ha guardato al di là di quello che riescono a fare i suoi sensi. Molto al di là. Siamo andati a indagare distanze che stanno innumerevoli ordini di grandezze al di sotto di quello che il nostro occhio è capace di vedere, e anche nelle profondità dello spazio, percorrendo distanze che stanno parecchi ordini di grandezza al di sopra di quello che possiamo percepire e concepire.

Il nostro cervello non era nato per questo genere di compiti. Noi siamo il prodotto di 3 miliardi e 800 milioni di anni di evoluzione biologica e, più in particolare, di qualche milione di anni di evoluzione delle grandi scimmie. Ci siamo evoluti per stare su questa Terra, in una foresta o in una savana, vicino a un fiume o a un lago, per cercare del cibo, per scappare dalle fiere, per inseguire una bella ragazza o attrarre un bel giovane, secondo i gusti. Il nostro cervello è stato fatto per questo, e in tal senso direi che funziona piuttosto bene: ci serviamo di strumenti per raggiungere gli scopi più diversi, siamo riusciti a capire e prevedere un sacco di cose, sappiamo scrivere e far di conto. Siamo quindi bene equipaggiati per alcune cose, ma non per tutte. Non siamo attrezzati per esempio per fare arditi calcoli di probabilità o di rischio, né per risolvere problemi di logica, così come non siamo in grado di comprendere le proprietà di un mondo che ha dimensioni troppo piccole o troppo grandi rispetto a quelle in cui siamo cresciuti.

Eravamo progettati per un mondo di mezzo, per confrontarci con le dimensioni degli oggetti con i quali viviamo e pur avendo fatto meraviglie letterarie, architettoniche, pittoriche, musicali e, perché no?, anche meccaniche – che giustamente hanno riscosso il plauso di generazioni e generazioni – fino a poco tempo fa non eravamo andati oltre gli oggetti commensurabili con il nostro corpo. Nel secolo scorso ci siamo riusciti. Con la teoria della relatività da una parte, con la teoria dei quanti dall'altra, e con le mirabilie della biologia degli ultimi cinquanta anni abbiamo invaso campi proibiti per i quali non eravamo e non siamo concettualmente preparati. Non possiamo immaginarci l'interno di una cellula né l'incredibile numero di cellule che costituiscono il nostro corpo. Nessuno di noi singolarmente riesce neppure oggi a figurarsi tutto questo. Solo il collettivo umano, sforzandosi all'estremo e utilizzando i principi semplici ma ferrei della concatenazione logica e della sperimentazione, è stato capace di vedere quello che non poteva vedere ed è riuscito a parlarne.

Alcuni sono in grado infatti di parlare di certe cose quasi le avessero sotto gli occhi, ma spesso non le hanno viste e nella maggior parte dei casi non potrebbero al momento neppure vederle. I fisici del nostro tempo ci sono per così dire abituati, ma anche i genetisti sono entrati da qualche decennio in questo arengo. Negli anni Trenta un certo numero di genetisti riusciva a disquisire dei geni con enorme confidenza e familiarità. Come se li avessero appena visti, mentre in realtà, veramente, non li abbiamo visti nemmeno oggi. Esiste nell'uomo – letterato, artista, ma anche scienziato – questa straordinaria capacità immaginativa, di andare al di là dell'apparenza, al di là del quotidiano e spiccare il volo. Nonostante tutto.

Prendiamo anche semplicemente le dimensioni del mondo che ci circonda. Già è difficile rappresentarsene tre: disegnare un cubo su un foglio o sulla lavagna non è la cosa più banale della terra, figuriamoci un ipercubo a quattro dimensioni! Ma quante sono in realtà le dimensioni? Cento anni fa ci hanno detto che l'universo ne ha quattro. E va bene, ma ora ci dicono che ne ha dieci, undici o ventisei. Il nostro cervello non può, con tutta la buona volontà, immaginarsi niente del genere, ciononostante riesce a fare delle previsioni, le verifica e dimostra che da esse derivano affermazioni dimostrabili.

E che dire dell'universo e dei suoi spazi immensi? Vi si aggirano cose che sono milioni e milioni di volte più grandi di quelle da noi conosciute e che hanno temperature impensabili. La vita in questa ottica è uno scherzo, una verruca sul naso del mondo, un episodio singolare nella storia dell'universo. La vita come la conosciamo noi prospera in un ambito ristrettissimo di temperatura: da più o meno dieci gradi sotto zero a trenta o quaranta gradi sopra. Provate ad alzare d'un colpo la temperatura della Terra a trecento gradi o a tremila: non ci resterà più niente di vivo. Dobbiamo la nostra esistenza a una serie di circostanze estremamente fortunate che si sono presentate contemporaneamente sulla superficie di un pianeta abbastanza freddo e che mantiene quasi costante la sua temperatura intorno a valori per noi accettabili.

L'universo nel suo complesso è fatto in prevalenza di idrogeno con qualche po' di elio. Si tratta di due elementi leggerissimi, composti di pochissime particelle elementari. Noi siamo fatti invece di atomi molto più grandi e soprattutto di carbonio. Che cosa è successo? Da dove provengono gli atomi di cui siamo costituiti? Sappiamo che il carbonio e alcuni elementi pesanti possono essere nati soltanto in circostanze particolari, all'interno di stelle fatte in una particolare maniera, che a un dato momento sono esplose e hanno letteralmente «sparato» questi elementi un po' qui e un po' là, così che è potuta arrivare la vita e impossessarsene. L'uomo e la sua storia si collocano poi in una nicchia spazio-temporale molto ristretta. A quella apparteniamo e quella siamo in grado di comprendere. Ciò significa forse che gli altri mondi non esistono o che non hanno le proprietà che noi gli attribuiamo? Nemmeno per sogno. La nostra stessa vita è anzi la migliore dimostrazione della necessità del piccolo e del grande. Senza questi estremi non potremmo esistere e probabilmente non ci sarebbe neppure vita.

È però la nostra stessa esistenza di esseri viventi e intelligenti a costituire una garanzia per la realtà dell'immensamente grande e dell'infinitamente piccolo, anzi a esigerla. Ne fa una condizione essenziale se non sufficiente perché noi possiamo essere così come siamo.

Se non esistesse infatti l'infinitamente piccolo, la materia vivente non ci sarebbe come tale. Anche un tavolo o una roccia sono formati di molecole e di atomi, ma per comprendere molte delle loro caratteristiche questo fatto può essere momentaneamente ignorato. Non così per la vita né per la vita intelligente. Un essere vivente è costituito di cellule che sono necessariamente piccole e contengono organuli e microapparati ancora più piccoli, e per poter pensare deve possedere anche una quantità imponente di cellule nervose. Le cellule sono minuscoli mondi organizzati e sufficientemente autonomi che non possono che essere formati da un numero enorme di unità costitutive elementari. Se i mattoni del mondo fossero delle dimensioni a noi familiari, anche solo dell'ordine dei millimetri, non ci sarebbero esseri viventi e noi nemmeno. Saremmo potuti non essere fatti di cellule, oppure essere fatti di cellule più grandi? Non lo sappiamo di sicuro, ma si direbbe proprio di no. Per essere vivi bisogna consistere di parti piccole, che contengono altre parti ancora più piccole continuamente interagenti tra di loro.

Oggi si discute molto di nanotecnologie, procedure e pratiche tecnologiche superminiaturizzate. Qualcuno comincia a parlare anche di nanobiotecnologie, cioè di nanotecnologie per la vita. È appena il caso di notare che la biologia è intrinsecamente «nano», perché le cose importanti che ci permettono di vivere avvengono a dimensioni nano. Alla lettera il prefisso nano- identifica un miliardesimo di metro, un milionesimo di millimetro, le dimensioni di una manciata di atomi. Se le cellule non fossero composte di parti piccole ben disposte e ben organizzate, la vita non ci potrebbe essere. Se le cellule nervose non fossero inoltre sufficientemente piccole da convivere a miliardi nel nostro corpo e nella nostra testa e non si toccassero tra di loro con contatti ancora più piccoli, noi non saremmo in grado di pensare.

Il fatto che siamo organismi viventi e che abbiamo un cervello piuttosto potente si deve insomma all'esistenza del mondo del piccolissimo con tutte le sue stupefacenti proprietà. Ma è vero anche il contrario. Se l'universo non fosse tanto grande, non avrebbe una storia abbastanza lunga alle spalle. L'universo fisico è tanto esteso perché è da tanto tempo che sta lì e si espande. Se fosse stato più circoscritto e la sua storia più breve, non ci sarebbe stato il tempo per alcune stelle di esistere e di sputare gli atomi degli elementi pesanti o di generare i pianeti, né per alcuni pianeti di raffreddarsi al punto da sopportare la vita e arrivare a pullulare di strane creature che possono vivere solo a determinate temperature e in condizioni ambientali relativamente stabili.

In conclusione, abbiamo serissimi problemi a raffigurarci il molto grande e l'eccezionalmente piccolo, ma la nostra stessa esistenza esige e giustifica entrambi: il piccolo perché senza non ci sarebbe né vita né intelligenza; il grande perché se l'universo non fosse stato così sconfinato non ci sarebbe stato il tempo materiale perché si formasse la nostra casa comune, la Terra, e si potesse avere su di essa un'evoluzione biologica di tale estensione da portare ai gigli, ai colibrì e agli esseri umani.

Per la nostra esistenza è in sostanza necessario che il mondo contenga realtà per noi incommensurabili che si comportino in maniera incomprensibile. È davvero sorprendente che almeno in parte riusciamo a comprenderle. E a parlarne, anche se con estremo rispetto e quasi religiosa meraviglia.

# Letture consigliate

Il libro menzionato nella Premessa è:

TORALDO DI FRANCIA, GIULIANO, *L'indagine del mondo fisico*, Einaudi, Torino 1976.

Molte belle immagini sono contenute in:

RICCI, EMILIANO, *Atlante di fisica*, Giunti, Firenze 2011.

Le formule della fisica si possono trovare in:

MENZEL, DONALD H., (a cura di), *Fundamental Formulas of Physics*, 2 voll., Dover, New York 1960.

Un corso completo di fisica spiegata benissimo è rappresentato dall'opera in più volumi:

FEYNMAN, RICHARD P., *La fisica di Feynman*, Zanichelli, Bologna 2007.

Per approfondire:

VON BAEYER, HANS CHRISTIAN, *Informazione. Il nuovo linguaggio della scienza*, Dedalo, Bari 2005.

BARONE, VINCENZO, *L'ordine del mondo. Le simmetrie in fisica da Aristotele a Higgs*, Bollati Boringhieri, Torino 2013.

BONCINELLI, EDOARDO, *Il posto della scienza. Realtà, miti, fantasmi*, Mondadori, Milano 2004.

DAPOR, MAURIZIO, *Relatività e meccanica quantistica relativistica*, Carocci, Roma 2011.

FEYNMAN, RICHARD P., *QED*, Adelphi, Milano 2010.

FORD, KENNETH W., *Il mondo dei quanti. La fisica quantistica per tutti*, Bollati Boringhieri, Torino 2006.

GREENE, BRIAN, *L'universo elegante. Superstringhe, dimensioni nascoste e la ricerca della teoria ultima*, Einaudi, Torino 2005.

HOLT, JIM, *Perché il mondo esiste? Una detective-story filosofica*, UTET, Torino 2013.

LEDERMAN, LEON M. - HILL, CHRISTOPHER T., *Fisica quantistica per poeti*, Bollati Boringhieri, Torino 2013.

ROSENBLUM, BRUCE - KUTTNER, FRED, *Quantum enigma. Physics Encounters Consciousness*, Duckworth, London 2011.

ROVELLI, CARLO, *La realtà non è come ci appare. La struttura elementare delle cose*, Raffaello Cortina, Milano 2014.

SEGRÈ, EMILIO, *Personaggi e scoperte della fisica. Da Galileo ai Quark*, 2 voll., Mondadori, Milano 1996.

WILCZEK, FRANK, *La leggerezza dell'essere. La massa l'etere e l'unificazione delle forze*, Einaudi, Torino 2009.

ZEILINGER, ANTON, *La danza dei fotoni. Da Einstein al teletrasporto quantistico*, Codice Edizioni, Torino 2012.

Per riflettere:

DENNETT, DANIEL C., *Strumenti per pensare*, Raffaello Cortina, Milano 2014.

NAGEL, THOMAS, *Mind and Cosmos. Why the Materialist Neo-Darwinian Conception of Nature is Almost Certainly False*, Oxford University Press, Oxford 2012.

# Indice

Finito di stampare nel mese di agosto 2014 presso
il Nuovo Istituto Italiano d'Arti Grafiche - Bergamo

Printed in Italy